U0353393

装备科技译著出版基金

# 光机约束方程原理及其应用

## The Optomechanical Constraint Equations：Theory and Applications

【美】爱尔森·E. 汉瑟维　著

连华东　译

王伟刚　校

国防工业出版社

·北京·

著作权合同登记　图字:军-2020-017 号

**图书在版编目(CIP)数据**

光机约束方程原理及其应用/(美)爱尔森·E. 汉瑟
维(Alson E. Hatheway)著;连华东译. —北京:国
防工业出版社,2021. 5
　书名原文:The Optomechanical Constraint
Equations:Theory and Applications
　ISBN 978-7-118-12221-3

　I. ①光… II. ①爱… ②连… III. ①光学系统-系
统设计　IV. ①TN202

中国版本图书馆 CIP 数据核字(2021)第 026650 号

※

*国防工业出版社* 出版发行

(北京市海淀区紫竹院南路 23 号　邮政编码 100048)
天津嘉恒印务有限公司印刷
新华书店经售

*

开本 710×1000　1/16　印张 9　字数 152 千字
2021 年 5 月第 1 版第 1 次印刷　印数 1—1500 册　定价 79.00 元

**(本书如有印装错误,我社负责调换)**

国防书店:(010)88540777　　书店传真:(010)88540776
发行业务:(010)88540717　　发行传真:(010)88540762

# 译 者 序

机械工程师在进行光学结构设计时,不仅要掌握机械设计、结构分析等方面的知识,还需要知道结构设计中各种因素的变化对光学系统性能的影响,以便更加有目的地对结构设计做出改进。光机约束方程正如其名字所示,对光学、机械两个学科的设计参数建立了简洁的联系,对于机械工程师洞悉设计产品的光学特性以及如何改善设计具有非常大的指导作用。

本书作者在光机系统领域有着非常高深的造诣,光机约束方程原理是作者在光机设计方面最新研究成果的总结。书中主要内容包括光学函数基础知识、光学影响函数、光机约束方程原理、光机约束方程在各种光学元件中的应用、光机约束方程计算方法、分析验证方法等,另外,书中还给出了光机约束原理在具体光机系统设计实践中的应用案例,诸如光学成像相关器、光纤扩频编码器、红外成像仪等。

本书出版得到了北京空间机电研究所和总装备部装备科技译著出版基金的资助,这是我们近年来在光机分析设计领域引进的第二部译著。在翻译出版过程中,北京空间机电研究所领导、科技委、二室以及五室等部门都给予了大力支持。衷心感谢为本书翻译出版提供了各种帮助的人们,希望本书的出版能对提升国内光机分析水平发挥积极作用。

鉴于译者水平有限,不当甚至错误之处在所难免,敬请读者批评指正。

译 者
2021 年 3 月

# 前　言

　　本书主要面向设计和分析光学系统的机械工程师，也可作为光学行业内的结构工程师以及相关领域工程师参考用书。本书讲述了实际光学产品设计、分析、制造、测试以及维修过程中的理论基础知识和一些现实考虑的因素。

　　机械工程师面临绝大多数光学方面的挑战都和探测器上图像的位置、方向以及大小有关，也就是图像的一阶特性。在机械设计过程中控制好这些特性，对于系统的初始成功装配和测试，是非常必要的。如果系统中所有的光学元件都按照物理光学指标进行加工和装调，则相对这些指标的微小偏差造成的性能退化，主要是探测器上一阶图像的配准失调，而不是高阶像差项"均衡"状态的变化。高阶像差的贡献，通常来说都相对较小，通过分析一个调校良好的光学系统的图像，可以得出以下结论：

　　（1）假设光学设计师已经向机械工程师提供了物理光学指标数据，这些数据确定了系统中所有光学表面的几何特性，以及光线经过的所有材料的折射率特性。在物理光学指标定义的状态下，光学系统可以提供一个最佳的图像，也就是说，在所需的视场内，图像的位置、方向以及大小都最优，并且图像质量（图像的清晰度）都满足要求。

　　（2）图 0.1 给出了一个光学系统成像的示意图，这是一个对位于图像左侧某处物体成像的望远系统。图中给出了系统的主平面以及它的入瞳和出瞳。物体（图中未显示）上某点发出的光线，以近似球面波的形式离开出瞳平面之后，汇聚在图像右侧某个小区域内，也就是系统的像点。系统的探测器通常是平面状的，位于图像汇聚区域内。由于汇聚区域并不一定会在一个平面上，因此需要

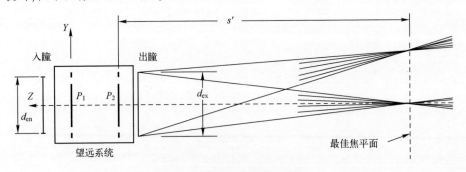

图 0.1　光学系统成像示意图

确定探测器的合理位置,保证它在全视场内都能产生最好的图像,这个位置就是通常所说的最佳焦平面。

(3)图 0.2 所示为光线产生一个系统像点的详细过程,这个像点位于系统光轴上。从图中可以看到这个点图像在纵向截面内具有像差。记录在探测器上的最佳像点,位于最佳焦平面内。从图中还可以看到,从出瞳发出的光线,不会像使物体上的点形成一个完美像点所需的那样,在单个点上汇聚。导致图像产生这个瑕疵的原因,就在于光线离开出瞳后没有产生一个理想的球面波。

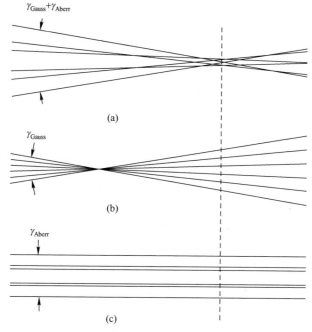

图 0.2 (a)有像差图像、(b)理想高斯图像和(c)像差

(4)根据光学系统的指标,只能计算出理论上的完美像点,也就是高斯像点。图 0.2(b)所示为高斯图像。需要注意的是,高斯图像不一定必须正好位于探测器所在的系统最佳焦平面处。

(5)从图 0.2(a)具有像差的光线中,去除图 0.2(b)理想高斯图像的成像光线,就可以得到图 0.2(c),也就是系统图像在最佳焦平面的这个点上所有光线像差的绘图。

(6)如果高斯图像的圆锥角用 $\gamma_{Gauss}$ 表示,具有像差的图像的圆锥角用 $\gamma_{Aberr}$ 表示,则

$$\gamma_{Gauss} \gg \gamma_{Aberr}$$

因此,像差图像的圆锥角主要取决于高斯图像的圆锥角。对于所有矫正良好的光学系统来说,在设计的所有视场范围内,这都是成立的。

(7) 由上述几点可以得到以下结论:在最佳焦平面附近,系统"最佳"图像位置、方向和大小的变化,主要取决于相应的高斯图像的位置、方向和大小的变化。同时,还可以看到,在"最佳"图像平面上,图像质量或者清晰度的评价指标,也就是说,如图 0.2(a)所示的光线在探测器上交会圆的直径,主要取决于像差,即这个清晰度评价指标的变化也就主要取决于高斯图像轴向位置的变化。

由于光学设计师给出的物理光学指标只是描述了最佳可能条件下的光学性能,而机械工程师在实际的系统中,既不能完美地实现也不能完美地保持这些理想性能,因此,机械工程师必须要清楚地知道机械设计过程中引入的成像误差的大小。

本书工作主要是讨论一阶或者高斯成像影响。在本书开始部分专门解释了高斯成像,其中包括光学成像的本质,并定义了贯穿本书所使用的坐标系和符号约定。这些约定和光学设计师以及物理学家使用的略微不同,它们主要是基于机械设计工作的风格。这里假设读者通过大学的学习或者在光学行业的某些经历已经比较熟悉光学成像的物理知识。本书开始部分给出的这些介绍,其目的不是为了教授没有经验的人员一些光学物理知识,而主要是为了重新改写光学成像方程,使其坐标系和符号约定便于机械工程师使用。

为了管理机械设计过程,机械工程师需要知道每个光学元件对于图像位置、方向和大小的影响。本书建立了光学系统中所有光学元件位置、尺寸参数与在探测器上产生的光学图像的位置、方向和大小之间的影响函数。这些影响函数是根据机械设计所使用的坐标系和符号约定修改的光学成像方程推导得到的。

光学设计通常从一个确定的感兴趣的物体开始,然后由此向前通过每个光学元件,最终达到探测器。在光学设计中,假定 $Z$ 轴沿着光线传播方向,并由物体指向探测器。然而,在机械设计中,根本不需要考虑系统中的物体,这个物体通常位于无限远处或者其他某些位置上。并且,机械设计一般从仪器中的某处开始,例如探测器,然后由此朝着光线入射的方向进行。为了保持机械特征位于坐标系的正半球上,机械坐标的 $Z$ 轴通常和光学设计的相反,也就是从探测器指向物体。本书旨在面向机械设计工程师,因此采用的坐标系和符号约定需要方便机械设计。大家熟悉的光学方程都按照这些符号约定进行了改写。这里建立的大部分影响函数,都是独立于假设的坐标系的。一些不同之处,在书中都做出了标注。

影响函数有些是线性的,另外一些则是非线性的。在给定的光学物理指标中,容许的尺寸偏差通常都很小。随着偏差相对于指标参数的减小,非线性的重要性就会快速降低。可以建立这样一个系统,把影响函数区分为线性和非线性分量。这样,就会很容易快速地得到一个线性像移问题的解决方案,同时还可以允许工程师评估相关的非线性影响的量级。如果这些量足够小,那么非线性的影响就不会大大降低光学性能的安全余量。否则,机械工程师在机械设计中就需要采取相应的措施进行处理。

光学系统的影响函数可以组织为 7 个方程,分别表示探测器上图像的 3 个平动、3 个转动以及尺寸的变化。因为这些方程限定了每个光学元件位置、方向以及焦距变化和系统图像变化之间的关系,因此,把这些方程称为光机约束方程。这些方程的使用方式完全取决于机械工程师。例如,在项目会议或者设计讨论的时候,经常可以通过手头计算或者采用十键计算器来估算局部定位误差产生的影响系数。当然,也可以在计算机表格软件中建立光机约束方程,这样就可以很容易计算具有多个元件的光学系统。另外,还可以通过编制计算机程序,把从物理指标数据准备光机约束方程的过程自动化。光机约束方程也可以输入到有限元模型中,用来评估动态环境中弹性变形和温度变化的影响。

在使用光机约束方程的时候,需要假设高斯图像能够合理近似系统的图像。关于这方面的问题,需要咨询光学工程师。本书给出了众多常见光学元件的影响系数,也介绍了单个光学元件通过卷积操作形成系统影响系数的方法。最后,本书给出了几个简单的例子,说明了如何应用影响系数方法解决光学系统中常见的机械工程问题。

作者希望读者能够认识到,无论对于目前光机文献,还是机械工程师的设计工具箱,本书都可以提供非常有价值和有益的补充。

爱尔森·E. 汉瑟维

2016.05

# 目　　录

# 第1章 光 学 函 数

在光学物理中定义的许多数学函数,都可以用来控制光线的传播方向。在图 1.1 中,给出了其中几个光学函数,具体如下所示。

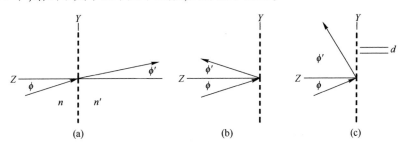

图 1.1 (a)折射、(b)反射和(c)衍射

折射函数:

$$n\sin\phi = n'\sin\phi'$$

反射函数:

$$\phi = -\phi'$$

光栅的标量衍射函数:

$$\sin\phi + \sin\phi' = \frac{m\lambda}{d}$$

式中:$m$ 为衍射级;$\lambda$ 为波长;$d$ 为光栅间距。

通过精细控制从物体上发出的光线,在需要的位置上产生汇聚,这个过程就称为光学成像。

这些光学函数都能把一个局部的机械几何变量(如入射角 $\phi$)和一个光学变量(如反射角 $\phi'$)联系起来。光学设计师的任务之一,就是通过确定最佳的物理几何参数,以得到最优的光学性能(像质)。光学设计师的设计方案是以物理光学指标的形式给出的。

机械工程师接下来在设计过程中面临的挑战,就在于理解多么小的物理几何的变化(如由于误差、弹性变形或者温度变化引起等)会对光学变量乃至图像质量产生影响。只有熟悉了这些情况,机械工程师才能在指导机械设计时摆正

1

自己位置,最终把机械变量对系统光学性能造成的不利影响降到最小。

如果用机械变量$(\cdots,m_j,m_k,\cdots)$定义一个通用的光学函数 OF,有

$$OF = f(\cdots,m_j,m_k,\cdots)$$

那么,就可以用某个机械变量(如 $m_j$)的变化量导致的光学函数 OF 的变化量 $\Delta OF$ 来定义一个通用的影响函数 $IF_j$,即

$$IF_j = \frac{\Delta OF}{\Delta m_j}$$

如果光学函数不止和一个设计变量有关,那么就会存在多个影响函数,其个数和独立的机械变量数量相等。

一些光学函数是机械变量的非线性函数。对于这种情况,用一个统一的形式来表示影响函数,在使用时就会比较方便。在本书中,我们采用了如下约定:

$$IF_j = \frac{c_j}{1+e_j}$$

式中:$c_j$ 为影响系数,在数值上等于机械变量影响函数的一阶偏导,即

$$c_j = \partial\, OF/\partial\, m_j$$

影响系数决定了影响函数在机械变量的理想值附近的线性特性。

$e_j$ 项是偏差分数,决定了影响函数在机械变量的理想值附近的非线性特性。偏差分数的值,就是基于影响系数的一个线性估计在全部非线性影响函数误差中所占的百分数。例如,如果偏差分数为 $-0.15$,那么线性估计应当减小 15%。

本书向工程师介绍了如何评估系统中所有光学元件的影响系数和偏差分数。对于工程师来说,采用影响系数函数这个标准做法是非常方便的。这样,就可以对光学系统中感兴趣的光学现象的非线性的影响进行独立地量化。光学仪器在机械设计中一般都会采用严格的尺寸要求,这样的话,通常产生的非线性偏差就会非常小。即便如此,如果能够判定出存在任何较大的偏差,工程师也可以在设计工程中很方便地进行处理。

本书旨在建立成像光学系统的影响函数(以最佳的方式),并说明如何把它们应用到光学系统的机械设计中去。

# 1.1　透镜的成像特性

凡是可以把空间一个点源发出的光线汇聚在空间另外一点的任何物体,都可以称为一个透镜。光线的来源为透镜系统中的物体,汇聚的区域为系统中的图像。有许多方法(或者说是现象)能够影响透镜对光线的汇聚特性,如折射、反射、衍射等。基于我们最初的考虑,这里假设透镜只发生折射。

如图 1.2 所示,通过抛光一块透明玻璃相对侧的两个凸球面,就可以得到一个折射透镜。光线由物体出发经过透镜汇聚,就会在一个局部的空间区域产生图像(折射方式)。这种透镜可以对远处物体产生可观测的、并且可识别的图像。

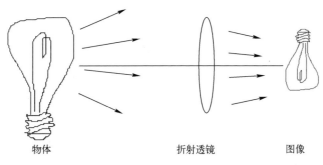

图 1.2　折射透镜

假设物体位于透镜的左侧,图像在透镜的右侧,如图 1.3 所示。透镜到物体的距离,称为物距 $s$,由于它位于 $Z$ 轴正向,因而认为是正的。透镜和图像之间的距离,称为像距 $s'$,由于位于 $Z$ 轴的负向,因而认为是负的(在本例中)。这里的 $Z$ 轴,位于透镜球面对称轴上,正向朝左。原点位于透镜上,$Y$ 轴向上,光线自左向右。

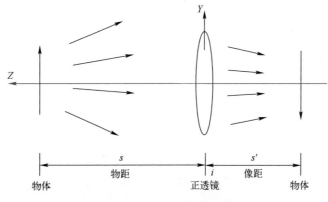

图 1.3　正折射透镜的物像

图像可以在屏幕、毛玻璃板、照相底片、半导体探测器,或者吹出的烟雾上观察到。因此,这个图像称为实像。同时,还可以看到图像是倒立的,也就是说相对于物体是上下颠倒的。如果物体是箭头向上的话,那么图像就会箭头朝下。

3

把一个屏幕放置在成像最清晰的位置,我们就可以在屏幕上观察到图像的大小。如果调换物体和图像的位置,也就是说把它们转动,使透镜的第一表面变成第二表面,第二表面变成第一表面(这样,光线方向就会从右向左),此时,我们还可以在重新定位的位置上观察到翻转的图像。仔细测量两次图像的大小,可以看到,它们在屏幕上的大小基本相同。因而可以说,不管光线从透镜的哪侧进入,左或者右,成像的大小都是相同的。

移动物体,图像也会同时移动。重新回到如图1.3所示的光线方向从左至右的布局。此时,如果向上移动物体,图像则会向下移动;物体移向观察者,图像则会背离观察者。可以看到,在这两种情况下,图像和物体移动的方向正好完全相反。不过,如果把物体向左移动,图像也会向左移动,和物体移动方向一致。随着物体持续向左移动,图像也会不断向左移动,不过移动速度会越来越慢。随着物距变得非常大,接近无限远时,图像则会在透镜的另外一侧接近一个固定的位置。物体在无限远处时,图像所在的位置称为透镜的一个焦点。焦点到透镜后表面的距离,称为透镜的后焦距。双凸透镜可以对无限远物体成倒立的实像,是正透镜,具有正的焦距。

如图1.4所示,通过抛光玻璃中的凹面,而不是上面使用的凸面,就可以得到一个负透镜。假设物体在透镜左侧某位置,正如在上述正透镜中演示那样,此时图像会出现在透镜的左侧的某位置上,和正透镜成像正好相反:物体和图像都在透镜的同一侧。这样,物距和像距都是正的。此时的图像不能直接观测到,除非观察者从透镜的右侧透过透镜来观察,这样看起来,图像就如同在透镜另一边一样(物体一侧)。这个图像称之为虚像。可以观察到,这是一个正立的图像,它的竖直方向和物体是相同的。

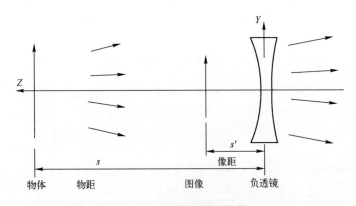

图 1.4　负折射透镜的物像

对于负透镜来说,如果移动物体,图像也会同时移动。物体向上移动,图像也会向上移动;物体移向观察者,图像也会移向观察者。在这两种情况下,物体和图像移动方向相同。然而,如果把负透镜系统中的物体向左移动,图像则会向右移动。此时,图像和物体的移动方向正好相反。随着物体向左移动的距离变大,在接近无限远时,图像也会在透镜的同一侧接近一个固定位置。当物体位于无限远处时,图像的位置称为负透镜的一个焦点。焦点到透镜的第二个顶点的距离,就是负透镜的后焦距。双凹透镜可以成正立的虚像,是负透镜,具有负的焦距。

上述这些定性的观察将在后面部分进一步细化和量化。

## 1.2 光线追迹

透镜的成像特性,通常可以通过沿着光传播方向绘制直线的方式来可视化描述。这些直线称为光线,它们可以追迹光从物体经过透镜到达图像的路径。

根据折射定律,玻璃透镜在空气和玻璃的交界面上会使光线发生弯曲。折射可以用斯涅尔定律来定量化(图1.5),即

$$n\sin\phi = n'\sin\phi'$$

式中:$n$ 为第一个材料的折射率(通常是空气);$n'$ 为第二种材料的折射率(通常为玻璃);$\phi$ 为光线在玻璃表面的入射角(以入射一侧表面的法向来测量);$\phi'$ 为光线穿过表面后的折射角(由相对侧表面法向测量)。

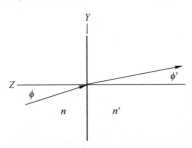

图1.5 空气玻璃界面产生的折射

在光学设计实践中,使用相对折射率 $n_r$ 可以简化斯涅尔定律,也就是用玻璃的折射率除以环境介质(通常为空气)的折射率来定义相对折射率,即

$$n_r = n'/n$$

这样,斯涅尔定律可以简化为

$$\sin\phi = n_r \sin\phi'$$

重新定义符号 $n$，在这里用它表示玻璃的相对折射率，也就是：

$$n \equiv n_r = n'/n$$

其中 $n$ 之前定义为空气的折射率。光线从空气到玻璃时，重新定义后 Snell 定律的形式为

$$\sin\phi = n\sin\phi'$$

相反，由玻璃到空气时的形式为

$$n\sin\phi = \sin\phi'$$

在追迹光线经过空气中的玻璃透镜的时候，在透镜的两个表面都会发生折射。物体上某点发出的光线经过空气到达透镜的第一个表面，在这个表面的折射效应就是由空气到玻璃。然后，光线穿过玻璃达到第二个表面，在这个表面上，折射效应为由玻璃至空气。最后，光线经过空气达到图像位置。

## 1.3　透镜成像特性总结

回到刚才所说的正透镜，在这个成像系统中，包括物体、图像以及透镜，透镜两个球面的曲率中心定义了一个对称轴，称为光轴。有一种特殊情况，就是当光线沿着光轴的时候入射角为零，因此它的折射角也为零。所以，对于所有沿着光轴这条直线的光线，折射定律都不起作用。对于初始入射和光轴平行的任何光线，其图像位置都可以由光线和光轴的交点来确定。

另外，光轴和透镜第一个表面的交点 $V_1$，称为第一顶点，和透镜第二个表面的交点 $V_2$ 称为第二顶点。

考虑透镜两个凸球面不相同的情况下的成像特性，物体在距离透镜比较远的位置，也就是说，所有进入第一表面的光线都可以等效为平行于光轴方向的，如图 1.6 所示。

把斯涅尔定律应用到入射光线平行于光轴的情况，可以看到，当光线越来越接近光轴的时候，图像的位置（折射光线和光轴相交的位置）在光轴上接近一个固定位置。这个点称为透镜的第二个焦点 $f_2$。从透镜第二个焦点到透镜第二顶点的距离，称为透镜的后焦距 bfl。

不是所有经过透镜的光线都和光轴在第二个焦点相交。因此，造成的后果就是图像不会非常清晰。沿着 $Z$ 轴最佳焦点的位置，可以使得最远的光线在 $Y$ 方向的高度最小，这个高度确定了成像区域最小的弥散圆。之前部分我们定义的第二焦点，更准确的说法，是近轴第二焦点，由透镜近轴区域的成像特性决定。透镜其他区域的成像特性，和这些近轴区域的略有不同。

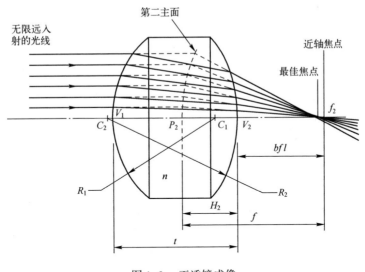

图 1.6　正透镜成像

现在我们再把物像的位置互换,重复刚才的调整操作,可以在透镜的另一侧找到一个新的近轴焦点,称为第一近轴焦点 $f_1$。从透镜第一个顶点到透镜第一个焦点的距离,称为前焦距 ffl。

一般而言,前后焦距是不同的(除非是对称透镜),不过它们产生的图像大小确是相同的(见上面所述)。很显然,前后焦距都不能决定图像的大小。

重新考虑刚才定义后焦距时的第一种情况。如果把平行光轴的一条入射光线延长经过透镜后到达图像一侧的空气中,同时再把第二焦点相应的成像光线向后延长经过透镜达到物方一侧,这两条光线就会交于一点,这个点所在的表面,就是第二主面。这个表面由所有与光轴平行的入射光线和它们对应的经过第二焦点的成像光线的交点确定。第二主面和光轴的交点,称为第二主点 $P_2$。从 $V_2$ 到 $P_2$ 的距离为 $H_2$。从 $P_2$ 到第二焦点的距离就是透镜的第二焦距 $f_2$。

再次更换物像的位置,按照上述方法,由相应的入射光线和成像光线可以确定第一主面。第一主面和光轴的交点称为第一主点 $P_1$。从 $V_1$ 到 $P_1$ 的距离为 $H_1$。

从第一个主点到第一焦距的距离,就是第一焦距 $f_1$。可以看到,第一焦距和第二焦距大小相等符号相反,即

$$f_1 = -f_2 \equiv f$$

7

式中:$f$为透镜的有效焦距。有效焦距是关于透镜对称的,它决定了透镜的成像特性。

诸如此类具有两个凸表面的透镜,可以对无限远处物体成倒立的实像。这些透镜具有正的焦距,称为正透镜。成实像,也就是说把一个屏幕或者探测器放置到成像位置,就可以感知或者记录产生的图像。图像是倒立的,这是由于它在和物体相对立的一侧的光轴上。如果物体在焦点$f_1$里面,和透镜距离非常近,在第一焦点和第一主点之间,此时图像就和物体在透镜的同一侧,并且成正立的虚像。虚像,也就是意味着,如果不从透镜后面观察的话,就不能直接观察或者感知到图像;正立是因为它和物体在透镜的同一侧。

具有负焦距的透镜(可能是有两个凹面那样的),可以对无限远物体产生正立的虚像。这类透镜就是负透镜。只有当物体在焦点$f_1$之外的时候,它们才会产生倒立的实像,这是很难发生的,原因在于对于负透镜来说两个焦点的位置是倒置的,也就是说,$f_2$在物体一侧,而$f_1$在图像一侧。

由于透镜焦距一般都比它们直径大很多,主面就会趋于相对扁平,因而通常用过主点和光轴垂直的平面来表示。这样它们就可以称为第一/二主平面。

我们现在已经发现了与最初观察到的图像大小相同的对称条件,以及透镜的一个特性,也就是描述透镜成像特性的有效焦距$f$。此外,我们还发现了透镜中的两个几何位置,即确定焦点$f_1$和$f_2$相对于透镜顶点位置的主点$P_1$和$P_2$。透镜的成像特性被认为是集中在主点上。

## 1.4  像物相对位置

对于正透镜而言,如果物体在透镜左侧焦点$f_1$之外某个地方,那么图像就在透镜的另一侧焦点$f_2$之外相对物体倒立,如图1.7(b)所示。随着物体退向无限远处,如图1.7(a)所示,图像就会到达$f_2$。如果把物体反方向运动接近$f_1$,如图1.7(c)所示,那么图像就会远离透镜接近负的无限远处。当物体到达$f_1$时,图像会突然反转到正的无限远处,并且呈现正立状态,如图1.7(d)所示。最终,随着物体接近第一主平面,图像就会接近第二主平面,如图1.7(e)所示。可以看到在这个状态,物像具有相同的大小。

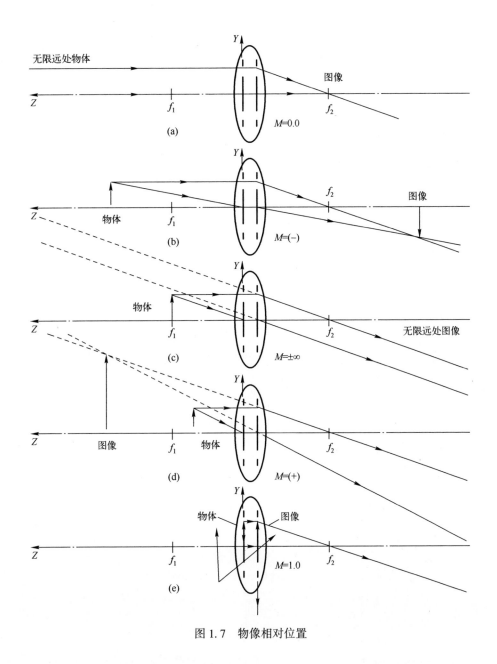

图 1.7  物像相对位置

## 1.5  光线像差多项式

光线像差多项式可以使光学成像描述更为严谨。像差多项式是通过在像平面表征成像元件的特性(包括误差(也就是像差))建立起来的。球面可以产生非常好的图像,但也不是完全理想的,利用多项式可以定量化这些缺陷。

如图 1.8 所示,对于一个薄透镜($P_1$ 和 $P_2$ 是并置排列的),在光轴 $Z$ 上一个物点到透镜的距离为 $s$,并且沿着 $Y$ 轴有一个偏移量 $-h$,从物点追迹一束光线经过透镜到达沿 $Z$ 轴距离为 $z$ 的某截平面上。光线和透镜的交点,相对于光轴的半径为 $\rho$,相对透镜元件 $X$ 轴的夹角为 $\gamma$。光线经过透镜折射某个角度后向前达到截平面。光线和截平面交点,在该平面上的坐标为 $(x',y')$。

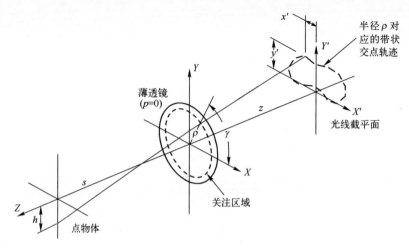

图 1.8　经过透镜一个环形区域的光线追迹

一般而言,交点在截平面上的坐标可以用下面的多项式来表示:

$$x' = A_1\rho\sin\gamma$$
$$+ B_1\rho^3\sin\gamma + B_2\rho^2 h\sin\gamma + (B_3+B_4)\rho h^2\sin\gamma$$
$$+ C_1\rho^5\sin\gamma + C_2\rho^3 h\sin2\gamma + (C_5+C_6\cos^2\gamma)\rho^2 h^3\sin\gamma$$
$$+ C_9\rho^2 h^2\sin2\gamma + C_{11}\rho h^4\sin\gamma$$
$$+ D_1\rho^7\sin\gamma\cdots$$
$$y' = A_1\rho\cos\gamma + A_2 h$$
$$+ B_1\rho^3\cos\gamma + B_2\rho^2 h\cos\gamma + (B_3+B_4)\rho h^2\cos\gamma + B_5 h^3$$
$$+ C_1\rho^5\cos\gamma + (C_2+C_3\cos2\gamma)\rho^4 h + (C_4+C_5\cos^2\gamma)\rho^3 h^2\cos\gamma$$
$$+ (C_7+C_8\cos2\gamma)\rho^2 h^3 + C_{10}\rho h^4\cos\gamma + C_{12} h^5$$
$$+ D_1\rho^7\cos\gamma\cdots$$

10

方程中的各项按照独立项 $\rho$ 和 $h$ 的阶数来分组,这些组通常称为它们的微分阶数,和它们代数多项式的阶数是等价的。第一行是第一阶,第二行是第三阶,第三行是第五阶,以此类推。所有项的阶数都是奇数;偶数项在假设 $Y$–$Z$ 两个平面对称的条件下已经去除了。上述两个方程(也就是 $x'$ 和 $y'$)都具有无限个项。

　　如果光线和透镜的交点以半径常数 $\rho$ 绕光轴 $Z$ 旋转,那么在截平面 $z$ 上的交汇点就会在平面上形成一个封闭的曲线。只要改变每项的系数,就可以用上述多项式来描述截平面上任何封闭的曲线(关于 $Y$–$Z$ 平面对称)。

　　上述一阶项为

$$x' = A_1\rho\sin\gamma$$
$$y' = A_1\rho\cos\gamma + A_2 h$$

　　从这两项本身来说,它们在光线的交会平面(图1.9)上确定了一个半径为 $A_1\rho$、中心距离 $y$ 轴 $A_2 h$ 的圆。改变 $z$ 的大小使 $A_1$ 变为零,那么这个交会圆的半径也会变成零,所有点的轨迹都将缩聚到偏离 $y$ 轴 $A_2 h$ 的一个点上。在这个情况下,交会平面也就成为像平面,距离 $z$ 也就成为像距 $s'$,像的高度也就变成了 $A_2 h$,即

$$z \equiv s'$$
$$A_2 = h'/h \equiv M$$

式中:$M$ 为薄透镜的放大率。

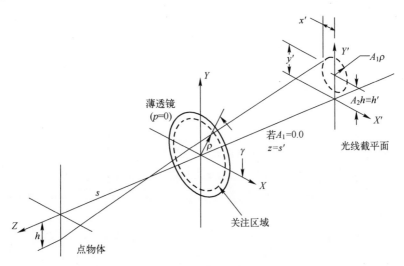

图1.9　一阶多项式项的影响

11

在 $Y$-$Z$ 平面上,光线入射到透镜时候的斜率(相对于光轴)为 $u$,出射光线的斜率为 $u'$。由于 $A_1$ 为零,因而有

$$u-u'=-\Delta u=\frac{\rho-h}{s}-\frac{\rho'-h'}{s'}$$

然后根据相似三角形原理,有

$$h/s=h'/s'$$
$$1/s-1/s'=-\Delta u/\rho=常数$$

其中:$\Delta u$ 为光线相对于光轴的斜率经过透镜后的变化量;$\rho$ 为透镜的径向区域,如图 1.10 所示。

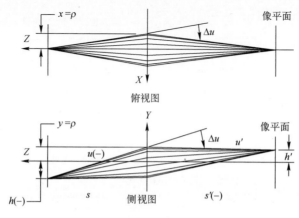

图 1.10    一阶多项式项成像常数 $-\Delta u/\rho$

第一阶后面的所有多项式项(三阶、五阶、七阶等)都需要和第一项累加到一起。在像平面上,这些高阶项的总和就产生了一个矢量 $g'$,从像点 $(h',s')$ 指向像平面上另外一点。对于透镜上一个给定半径 $\rho$ 处的光线,$g'$ 矢量的轨迹就会在像平面上的像点附近形成一个封闭的曲线,如图 1.11 所示,这个矢量就确定了图像的像差。

对于成像系统而言,为了能够观测到光学图像,$g'$ 矢量的量级必须要尽可能小。在矫正良好的系统中,这个量级都是非常小的。由于每个像差多项式都有无限多的项,为保证它们的和尽可能小,因此每项的幅值随着阶数的增加必须要迅速减小。

从上述关于像差多项式的介绍可以看出,为了确保成像系统能够得到清晰的图像,像差的影响相对于图像来说必须要非常小。光学设计师的任务之一,就是均衡光学系统中各个表面的像差贡献(正的或者负的),以降低总的像差对于系统最终图像的影响。

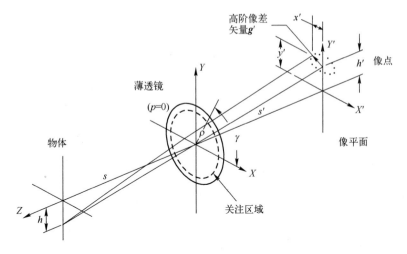

图 1.11　高阶多项式项的像差矢量 **g′**

因此,对于一个性能矫正良好的成像系统来说,镜片失调误差的主要影响源于一阶项。一旦系统的各元件定位精确,确保产生的图像的位置、方向和尺寸是正确的(按照物理光学的指标要求),系统就不需要进一步调整或者需要很少。这是因为大部分光学元件的成像特性远强于它们的像差特性。

## 1.6　近轴透镜公式

如果把 Snell 定律应用到靠近透镜光轴附近区域(近轴区域)的光线,就可以在光轴上得到 $f_2$ 和 $P_2$ 的位置。如图 1.12 所示,$P_2$ 相对于 $f_2$ 的位置就是透镜的有效焦距 $f$。透镜的有效焦距根据近轴透镜公式的物理特性确定,即

$$\frac{1}{f}=(n-1)\left[\frac{1}{R_2}-\frac{1}{R_1}+\frac{t(n-1)}{nR_1R_2}\right]$$

式中:$R_1$ 为透镜第一表面的曲率半径;$R_2$ 为第二表面的曲率半径;$t$ 为透镜顶点处的厚度;$n$ 为透镜材料的折射率。

应用 Snell 定律,可以确定和第二顶点对应的第二主点的位置 $H_2$,有

$$H_2=\frac{-ft(n-1)}{nR_1}$$

同样,如果光线是反向入射的,可以确定与第一顶点对应的第一主点 $H_1$ 的位置,即

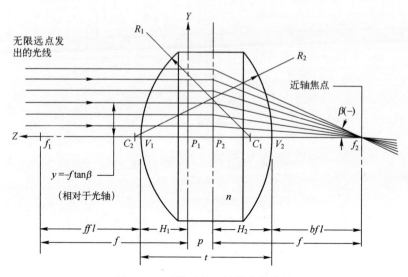

图 1.12 透镜近轴区域的成像特性

$$H_1 = \frac{-ft(n-1)}{nR_2}$$

透镜顶点处的厚度为 $t$，由此可以确定主点 $P_1$ 和 $P_2$ 之间的主点距离 $p$，即

$$p = t\left[1 - f(n-1)\left(\frac{1/R_2 - 1/R_1}{n}\right)\right]$$

应该说明的是，主点厚度（距离）不是一个物理厚度。主点距离通常是正的，不过在半径、厚度以及折射率的一些特殊条件下也会出现负值。不管是正负，它的作用就是精确定位图像沿着系统 $Z$ 轴的位置。同时还可以看到，如图 1.12 所示，如果让 $y$ 和 $\rho$ 相等，那么 $\tan\beta$ 就和 $u$ 值相等，如图 1.10 所示。

在这些公式中，正负符号可能和光学设计师使用的不同，这是因为在本书中将会使用机械设计的符号约定。

# 1.7　高斯成像公式

高斯在 1841 年提出了计算图像在 $Z$ 轴位置的公式（图 1.13），即

$$1/s - 1/s' = 1/f$$

式中：$s$ 为物体到第一主点的物距；$s'$ 为图像到第二主点的像距；$f$ 为透镜的焦距。

在这个方程中的减号和光学设计中的约定是不同的，是因为这里采用了机

械设计使用的 $Z$ 轴,它和光学的 $Z$ 轴正好相反。

考虑到前面所说的像差多项式的一阶项,可以得到一个简化表达式,即

$$1/s-1/s'=-\Delta u/\rho=常数$$

因此,可以得到:                    $$1/f=-\rho/\Delta u$$

在高斯公式中只考虑光线追迹一阶小量的影响,就可以计算透镜工作时的放大率。

参考图 1.13,如果高度为 $h$ 的物体沿着 $Z$ 轴放置在距离透镜 $s$ 的某处,那么,通过光线追迹,就可以确定图像 $h'$ 的高度及其在 $Z$ 轴的位置。从物体的顶点 $(s,h)$ 到第一个主点 $P_1$,画出第一条直线;从第二个主点 $P_2$ 平行于第一条直线画第二条直线。再从物体顶点平行光轴画第三条直线和第二主平面相交。最后,从第三条直线和第二主平面的交点经过第二个焦点 $f_2$ 画第四条直线远离透镜直到图像位置。

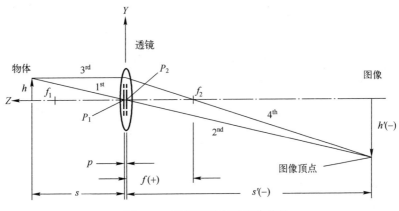

图 1.13  透镜元件高斯成像特性

第二和第四条光线的交点,就是物体顶点的像,这个点的位置为 $z=s'$,$y=h'$,二者都是负的。

注意到,在近轴光线追迹的时候,光线总是沿着平行于光轴的方向从第一主平面到达第二主平面。平行于光轴的入射光线经过第二个主平面后,总是会通过第二个焦点。入射到 $P_1$ 点的光线,不管入射角如何,都会不偏斜地从 $P_2$ 点射出,也就是说,平行于入射光线。

现在,我们可以根据透镜公式(1.6 节)计算透镜的焦距和物理光学指标。根据高斯公式,由物距 $s$ 可以计算出像距 $s'$。观察图 1.13 中从物体到图像的光线轨迹,物体和光线形成的三角形和图像与光轴形成的三角形是几何相似的。因此,就可以确定图像的高度和透镜的放大率,即

$$h' = h\left(\frac{s'}{s}\right)$$

$$\frac{h'}{h} = \frac{s'}{s} \equiv M$$

式中:$M$ 为图像在 $X\text{-}Y$ 平面的横向放大率。光学设计师还会用到沿着 $Z$ 轴的轴向(厚度方向)放大率。考虑高斯公式关于物距 $s$ 的一阶偏导,得

$$\frac{-1}{s^2} + \frac{\partial s'/\partial s}{s'^2} = 0$$

$$\frac{\partial s'}{\partial s} = \left(\frac{s'}{s}\right)^2 = M^2 \equiv M_Z$$

高斯公式在物体的 $X\text{-}Y$ 平面和图像的 $X\text{-}Y$ 平面之间确定了一个线性转换,而在物像的 $Z$ 轴方向存在的则是非线性转换。

高斯公式对一般成像系统都是完全适用的。尽管在这里使用的都只是对称系统,对于非对称的和离轴的成像系统也同样适用。

上面得到了透镜近轴区域的高斯特性。随着感兴趣光束的中心远离光轴,成像特性也会发生变化,新的成像特性和光束的新位置有关。如果光束中心与光轴偏离距离为 $y$,则成像特性就和透镜上半径为 $y$ 的一个圆形区域有关。把这些偏离特性应用在高斯公式中,就可以计算图像的位置和光学系统的放大率。

在本书中,用术语"高斯"来替换"近轴"这一说法,旨在说明讨论的内容没有必要限制在轴对称系统,也不必非得在元件的近轴区域。

# 1.8　主点位置

近轴特性 $H_1$ 和 $H_2$ 可以用来确定主点相对于透镜顶点的位置。图 1.14 表明了主点位置的变化是如何取决于透镜物理光学指标变量取值的。一般而言,对于双凸透镜(图 1.14(a))或者双凹透镜(图 1.14(b)),两个主点都在两个顶点之间。对于平凸镜(图 1.14(c))和平凹镜(图 1.14(d))来说,一个主点位于曲面顶点,另一个在透镜内部两个顶点之间。对于一个正的半月形透镜(图 1.14(d))而言,存在一个或者两个主点在透镜的凸表面外侧的情况。对于负的半月形透镜(图 1.14(e))来说,有一个或者两个主点在透镜凹面外侧。主点位置互换的情况一般很少出现,也就是说 $P_2$ 在 $P_1$ 的左侧(图中没有给出)。

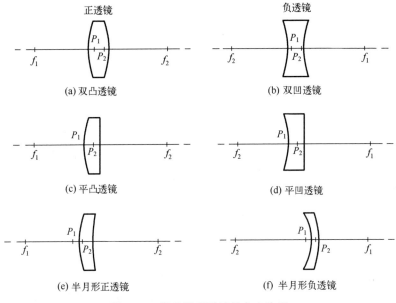

图 1.14　常见类型透镜的主点位置

## 1.9　透镜的光学指标

定义透镜的物理光学指标由光学设计师提供,主要包括:$R_1$,第一面半径;$R_2$,第二面半径;$t$,透镜顶点处的厚度;$n$,透镜材料的相对折射率。

在物理光学指标中,还可以指定叠加在球面上的高阶多项式函数。这些高阶多项式主要用来控制系统图像的高阶变形(像差),对于我们这里感兴趣的一阶性能(高斯)影响很小。

透镜制造者仅需要知道透镜的半径和厚度信息。然而,工程师却不能从这些指标直接获悉透镜的成像性能。为此,在上面给出的成像特性的基础上,还定义了透镜另外一种形式的指标,包括:$f$,焦距;$H_1$,第一顶点 $V_1$ 和第一主点 $P_1$ 间的距离;$H_2$,第二顶点 $V_2$ 和第二主点 $P_2$ 间的距离。

为使上述这些指标和物理光学指标保持几何一致性,同时规定:

$p$,主点厚度,也就是主点 $P_1$ 和 $P_2$ 之间的距离。

后面这个形式称为近轴(或高斯)指标,这是由于它同时基于透镜的近轴成像特性和高斯关于成像的定义。除了近轴区域外的其他区域,也可以得到高斯指标特性($f$,$p$,$H_1$ 和 $H_2$),不过,确定它们和物理光学指标之间的关系超出了本书讨论的范围。

这两种形式是互补的,物理光学指标描述的是透镜的实体及其材料,而近轴指标描述的则是透镜的成像能力,并使这些属性和透镜的顶点联系在一起。

可以看到,在透镜的近轴区域,没有使用表面的高阶项。超出了近轴区域,就需要通过追迹过这个感兴趣区域中心的一条光线来考虑,并计算在这个区域等价的高斯特性参数($f,p,H_1$和$H_2$)。

每个透镜的物理指标参数都有一个唯一的近轴(或其他区域的)指标,它们由具体的物理光学指标参数确定。不过,反过来就不成立了,即满足每个近轴指标参数的物理光学指标,可以具有无限个可能结果。

## 1.10 透镜坐标系

光学设计师需要使用坐标系来定义光学表面,使用坐标系的约定为:①光线在纸面或者屏幕上的方向从左到右;②初始的 $Z$ 轴和初始的光束方向(左到右)一致;③在纸面或者屏幕上 $Y$ 轴方向定义为向上;④$X$ 轴和 $Y$、$Z$ 轴构成一个右手坐标系。坐标系的原点位于表面的顶点,也就是对称轴和表面相交的位置。还有一个约定,就是 $Z$ 轴的方向在每个反射面都会发生反转。按照这些约定,机械设计工程师在设计中就会遇到一些挑战。

和光学设计对比,在机械设计的时候使用下列约定是比较方便的,即:①光学系统中的物体位于设计空间中正 $Z$ 轴的半球上;②在整个设计空间避免在反射面改变尺寸方向。另外,在机械设计中,使材料的厚度诸如透镜的厚度等总是保持正值,是非常便利的。在本书中,采用了机械定位的符号约定和坐标系,并把它们应用到每个光学元件、物体以及图像上,如图 1.15 所示。

光线从左到右入射到每个光学元件上。每个光学元件都具有自己的坐标系,这个坐标系原点位于第一个主点 $P_1$ 上。光学元件坐标系的 $Z$ 轴和第一个主平面垂直并指向左侧,和入射光线方向相反。光学元件的 $Y$ 轴方向位于第一主平面内,方向向上,而 $X$ 轴则和 $Y$、$Z$ 轴构成了一个右手坐标系。

对于透镜来说,有如下几点:

(1) $R_1$ 是从第一个顶点到它的曲率中心的 $Z$ 轴距离(存在正负)。

(2) $R_2$ 是从第二顶点到它的曲率中心的距离(存在正负)。

(3) $t$ 是顶点处的厚度(总是正的)。

(4) $n$ 是相对折射率(总是正的)。

每个光学元件的物体都有自己的局部坐标系,位于它和光轴相交的位置:

(1) 物体坐标系的 $Z$ 轴指向左侧,和入射光线相反。

（2）物体坐标系的 $Y$ 轴向上。

（3）物体坐标系的 $X$ 轴、$Y$ 轴、$Z$ 轴构成右手坐标系。

每个光学元件的图像在和光轴相交的位置也具有自己的坐标系（对于反射来说，光学元件就是反射镜）：

（1）图像坐标系的 $Z$ 轴沿着光轴，方向和光线入射方向相反。

（2）图像坐标系的 $Y$ 轴正向向上，和物体的 $Y$ 轴正向在光轴的同一侧。

（3）图像坐标系的 $X$ 轴和 $Y$、$Z$ 轴构成右手坐标系。

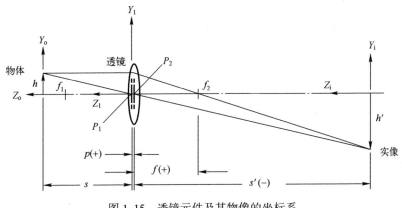

图 1.15　透镜元件及其物像的坐标系

# 1.11　透镜的定义和符号约定

**1. 折射率 $n$**

这里指的是材料的相对折射率，也就是说材料的绝对折射率除以透镜所在介质的绝对折射率，假设在空气中、标准大气压下（$n_{air} = 1.000292$）。

**2. 表面 $S_1$, $S_2$**

这些几何特征是确定透镜成像特性的因素之一（假设是球面）。它们的下标按照光线经过的先后顺序排列。

**3. 曲率中心 $C_1$, $C_2$**

这两个点是球面的中心，其下标源于它们相关表面的下标。

**4. 光轴**

光轴是由球面曲率中心定义的直线。

**5. 顶点 $V_1$, $V_2$**

光轴和透镜球面的交点称为顶点，顶点的下标和它们相关联的表面一致。

**6. 曲率半径 $R_1$，$R_2$**

曲率半径是指在光学元件坐标系中从顶点到它们曲率中心的距离。下标和它们相关的表面一致。

**7. 厚度 $t$**

厚度是指透镜顶点之间的距离，或者相邻透镜顶点之间的距离，厚度总是正值。

**8. 焦点 $f_1$，$f_2$**

焦点是光轴上无限远点在光轴上所成的像点。所有折射透镜都具有两个焦点：第一个和位于 $Z$ 轴负向无限远处的物点有关；另一个和位于 $Z$ 轴正向无限远处的物点有关。

**9. 主点 $P_1$，$P_2$**

主点是位于光轴上的点，具有聚焦功能的透镜表面可以使光线在此点汇聚。所有折射透镜都具有两个主点。

在光学元件坐标系下，一个顶点和与其相关的主点在 $z$ 轴上的距离，可以由下式来计算：

$$H_1 = z_{P1} - z_{V1} = \frac{-ft(n-1)}{nR_2}$$

$$H_2 = z_{P2} - z_{V2} = \frac{-ft(n-1)}{nR_1}$$

**10. 主点厚度 $p$**

在光学元件坐标系中，从第二个主点到第一个主点之间的距离称为主点厚度。主点厚度通常是正的，但它不是一个物理厚度（如厚度 $t$），并且它有时也可以是负值。

**11. 有效焦距 $f$**

在光学元件坐标系中从第一主点到第一焦点之间的距离称为有效焦距。正透镜具有正的焦距，负透镜具有负的焦距。

# 第 2 章　光机影响函数

在光学系统的机械工程中,首先由光学设计师确定图像的最佳位置、方向和大小。然后,机械工程师负责把系统中所有光学元件以足够的精度实现定位,以保证实现光学设计师提出的要求。为了完成这些设计工作,机械工程师必须要熟悉包括物体在内的每个光学元件对于系统图像的位置、方向以及大小的影响。

把图像运动和透镜以及物体运动关联起来的数学函数称为光机约束方程。这些方程可以根据高斯公式以及透镜的高斯特性来建立。

图 2.1 所示为一个正透镜对于一个近轴物体成像的示意图。图像、透镜以及物体的局部坐标系都相互平行,并且它们的 $Z$ 轴都共轴。由于物体坐标系和透镜的平行,因此物体关于透镜的转角为零。本章后续都基于这些假设。

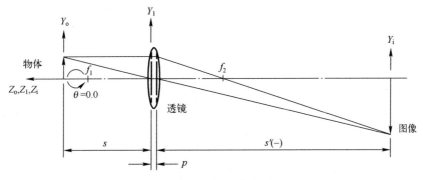

图 2.1　正透镜对近轴物体成像示意图

在本书中,物体、透镜以及图像的角运动量都假设采用弧度单位制(rad)。

## 2.1　物体的影响函数

### 2.1.1　物体竖直运动

正如在 1.7 节指出的那样,高斯公式可以在物体 $Y$ 轴和图像 $Y$ 轴之间定义一个线性转换。如图 2.2 所示,可以看到图像运动 $Ty_i$ 和物体运动 $Ty_o$ 的比值等于系统的放大率 $M$。因此,在竖直方向上物体的影响函数为

$$Ty_i/Ty_o = M$$

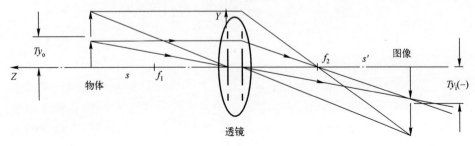

图 2.2 物体的竖直运动

## 2.1.2 物体水平运动

与上述类似,对于物体的水平方向的运动,高斯公式也可以确定图像运动 $Tx_i$ 和物体运动 $Tx_o$ 之间的一个线性转换。图像和物体横向运动的比值也等于放大率 $M$。因此,物体水平运动的影响函数为

$$Tx_i/Tx_o = M$$

## 2.1.3 物体轴向运动

物体轴向运动 $Tz_o$ 可以使图像产生一个轴向的运动 $\Delta s'$ 和尺寸的变化 $h'$,如图 2.3 所示。

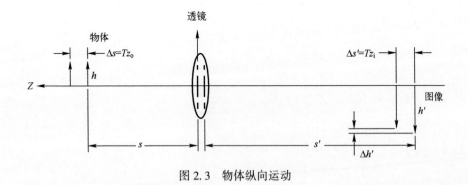

图 2.3 物体纵向运动

### 2.1.3.1 图像运动

当物体在自己的坐标系中沿 $Z$ 轴移动 $Tz_o$ 时,可以由物体的纵向影响函数

22

确定图像在自己坐标系中沿着 $Z$ 轴移动量 $Tz_i$ 的大小。对于物体沿 $Z$ 轴有限大小的位移,其高斯公式如下:

$$\frac{1}{f} = \frac{1}{s+Tz_o} - \frac{1}{s'+Tz_i}$$

注意到:

$$Tz_i = \Delta s' \quad Tz_o = \Delta s$$

同时下式也是成立的,即

$$\frac{1}{s+\Delta s} - \frac{1}{s'+\Delta s'} = \frac{1}{f}$$

式子两边同时乘以 $s'$,得

$$\frac{s'/s}{(1+\Delta s/s)} - \frac{1}{(1+\Delta s'/s')} = \frac{s'}{f}$$

由于 $M = s'/s$,即

$$\frac{M}{(1+\Delta s/s)} - \frac{1}{(1+\Delta s'/s')} = \frac{s'}{f}$$

同时,存在下面的等式,即

$$\frac{1}{s} - \frac{1}{s'} = \frac{1}{f}, \quad \frac{s'}{s} - \frac{s'}{s'} = \frac{s'}{f}, \quad M-1 = \frac{s'}{f}$$

因此,得

$$\frac{M}{1+(\Delta s/s)} - \frac{1}{1+(\Delta s'/s')} = \frac{s'}{f}$$

重新排列上式,有

$$\frac{\Delta s'}{s'} = \frac{M^2}{1+[\Delta s(1-M)]/s}$$

考虑下面的等式:

$$\frac{1}{s} - \frac{1}{s'} = \frac{1}{f}, \quad \frac{s}{s} - \frac{s}{s'} = \frac{s}{f}, \quad 1-\frac{1}{M} = \frac{s}{f}$$

乘以 $M$,得

$$\frac{1-M}{s} = \frac{-M}{f}, \quad \frac{\Delta s'}{s'} = \frac{M^2}{1-(M\Delta s/f)}$$

注意到 $s' = Tz_i$, $s = Tz_o$,因此,可以得到影响函数 $Tz_i/Tz_o$,即

23

$$\frac{Tz_{\mathrm{i}}}{Tz_{\mathrm{o}}} = \frac{M^2}{1-(MTz_{\mathrm{o}}/f)}$$

由于独立变量 $Tz_{\mathrm{o}}$ 出现在了式子两边,因而这是一个非线性函数。注意到,函数的分子(影响系数) $M^2$ 和 1.7 节的一阶偏导数是一致的,称为轴向放大率,非线性程度由分母中的 $-MTz_{\mathrm{o}}/f$ 项决定。

如果这个非线性项和"1"(分母中的另外一项)相比很小的话,那么,基于分子 $M^2$ 的这个线性化假设的值,就和这个考虑非线性因素的影响函数非常接近。当然,如果这个项很大的话,工程师就需要考虑这些非线性的影响。

从机械工程的角度考虑,把这个函数线性和非线性部分分开研究,是非常有帮助的。在这个情况下,线性部分就是分子 $M^2$,称为影响系数 $c$。非线性部分就是分母中的 $-MTz_{\mathrm{o}}/f$ 项,称之为偏差分数 $e$。这个方法的工程价值在于:如果偏差分数非常小的话,相应的非线性因素对工程决策的影响就会很小,这样就可以有预见性地把它忽略或者根据需要采取措施。

和假设的线性特性相关的绝对误差(或者偏差),为位移尺寸量纲比如毫米,可以用精确值减去线性假设的值来评估,即

$$
\begin{aligned}
偏差 &= M^2 Tz_{\mathrm{o}} - \left[\frac{M^2}{1-(MTz_{\mathrm{o}}/f)}\right]Tz_{\mathrm{o}} \\
&= \frac{M^3}{1-(MTz_{\mathrm{o}}/f)}
\end{aligned}
$$

从这个数学公式可以看出,如果偏差分数相对于 1 很小的话,线性估计的尺寸误差就和 $M^3$、$Tz_{\mathrm{o}}^2$ 以及 $1/f$ 成比例。

由于物体容许的运动量 $Tz_{\mathrm{o}}$ 通常比透镜的焦距小几个数量级,并且单个透镜的放大率通常也不太大,因此,在线性估计中非线性的误差通常很小。然而,对于任意情况来说,工程师就需要检查这些误差的量级,以确保线性评估的精度,或者根据需要做出适当调整。可以看出,把偏差分数和影响系数分开处理,对于评估来说是非常方便的。

### 2.1.3.2 图像大小

物体轴向运动同时也会使图像的大小发生变化。为了确定这个影响系数,把放大率的变化量 $\Delta M$ 和有限量的纵向位移量代入高斯公式和定义放大率的公式中,并联立求解。

$$\frac{1}{f} = \frac{1}{s+Tz_{\mathrm{o}}} - \frac{1}{s'+Tz_{\mathrm{i}}}, \quad M+\Delta M = \frac{s'+Tz_{\mathrm{i}}}{s+Tz_{\mathrm{o}}}$$

由此,得

$$\frac{\Delta M}{MTz_o} = \frac{M/f}{1 + (MTz_o/f)}$$

注意到,不管图像是倒立还是正立,用影响函数 $\Delta M/MTz_o$ 除以放大率 $M$ 可以反映图像尺寸的变化(更大还是更小)。这也是一个非线性函数,其中影响系数是 $M/f$,偏差分数是 $MTz_o/f$。

### 2.1.4 物体绕水平方向转动

物体绕水平轴的转动对图像产生的影响,也可以用高斯公式确定。具体是通过计算物体顶部沿 $Z$ 轴的运动及其图像得到,如图 2.4 所示。把物平面延伸,使它和第一主平面相交;同样,把像平面延伸,和第二主平面相交。两个焦点的高度都是 $y_o$,这就是沙伊姆弗勒(Scheimpflug)条件。

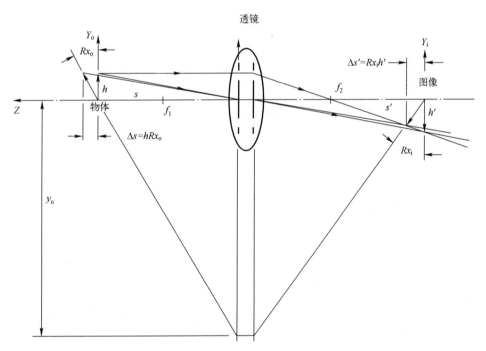

图 2.4　物体绕水平方向的转动

从图 2.4 可以得到:

$$\tan(Rx_o) = -s/y_o, \quad \tan(Rx_i) = -s'/y_o$$

假设角度很小,也就是说 $\tan\phi = \sin\phi = \phi$,可以得到:

$$Rx_o = -s/y_o, \quad Rx_i = -s'/y_o$$

$$\frac{Rx_i}{Rx_o} = \frac{-s'/y_o}{-s/y_o} - \frac{s'}{s}$$

因此,影响函数表达式为

$$Rx_i/Rx_o = M$$

### 2.1.5　物体绕竖直方向转动

对于物体绕竖直方向的转动 $Ry_o$,重复以上分析,可以得到类似结果:

$$Ry_i/Ry_o = M$$

### 2.1.6　物体绕轴向转动

物体绕 $Z$ 轴的转动对于图像的影响可以通过如下简单推理得到:如果物体绕 $Z$ 轴转动某个角度,那么图像就会正好也转动同样的角度。因此,影响函数为

$$Rz_i/Rz_o = 1.0$$

### 2.1.7　物体对图像的影响函数的总结

物体的影响函数,也就是由 6 个物体运动产生的 7 个图像运动,可以如表 2.1 所列以阵列的形式排列。从工程使用角度出发,还可以把这个阵列分成影响系数和偏差分数两个独立的变量阵列,如表 2.2(a)、(b)所列。

表 2.1　物体的影响函数

| 图像运动 | | | | | | |
|---|---|---|---|---|---|---|
| $Tx_i$ | $M$ | | | | | |
| $Ty_i$ | | $M$ | | | | |
| $Tz_i$ | | | $\dfrac{M^2}{1-(MTz_o/f)}$ | | | |
| $Rx_i$ | | | | $M$ | | |
| $Ry_i$ | | | | | $M$ | |
| $Rz_i$ | | | | | | $1.0$ |
| $\Delta M/M$ | | | $\dfrac{M^2}{1+(MTz_o/f)}$ | | | |
| | $Tx_i$ | $Ty_o$ | $Tz_o$ | $Rx_o$ | $Ry_o$ | $Rz_o$ |

物体运动

表 2.2(a)　物体的影响系数

| 图像运动 | | | | | |
|---|---|---|---|---|---|
| $Tx_i$ | $M$ | | | | |
| $Ty_i$ | | $M$ | | | |
| $Tz_i$ | | | $M^2$ | | |
| $Rx_i$ | | | | $M$ | |
| $Ry_i$ | | | | | $M$ |
| $Rz_i$ | | | | | | 1.0 |
| $\Delta M/M$ | | | $M/f$ | | |
| | $Tx_i$ | $Ty_o$ | $Tz_o$ | $Rx_o$ | $Ry_o$ | $Rz_o$ |
| | | | 物体运动 | | | |

表 2.2(b)　物体的偏差分数

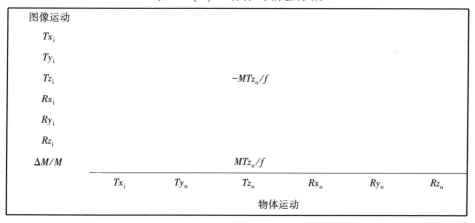

| 图像运动 | | | | | |
|---|---|---|---|---|---|
| $Tx_i$ | | | | | |
| $Ty_i$ | | | | | |
| $Tz_i$ | | | $-MTz_o/f$ | | |
| $Rx_i$ | | | | | |
| $Ry_i$ | | | | | |
| $Rz_i$ | | | | | |
| $\Delta M/M$ | | | $MTz_o/f$ | | |
| | $Tx_i$ | $Ty_o$ | $Tz_o$ | $Rx_o$ | $Ry_o$ | $Rz_o$ |
| | | | 物体运动 | | | |

　　注意到,在物体的影响函数中,有 5 个线性函数和 2 个非线性函数。偏差分数中的 2 个非线性函数大小相等,但是符号相反。

　　把影响系数和偏差分数区分开,可以允许工程师分别评估线性和非线性的影响,并在需要的时候对非线性因素进行处理。

## 2.2　透镜的影响函数

### 2.2.1　透镜竖直运动

　　通过一个设想的实验,把两种因素的影响叠加到一起,就可以推导出透镜竖直运动的影响函数。假设初始时候物体、透镜和图像位于调整好的位置上,如

图 2.5(a)所示。然后,3 个元件沿着 $Y$ 轴方向移动一个单位长度($Ty_o = Ty_1 = Ty_i = 1$),如图 2.5(b)所示。最后,把物体移回到初始的位置上,即 $Ty_o = 0$,如图 2.5(c)所示。

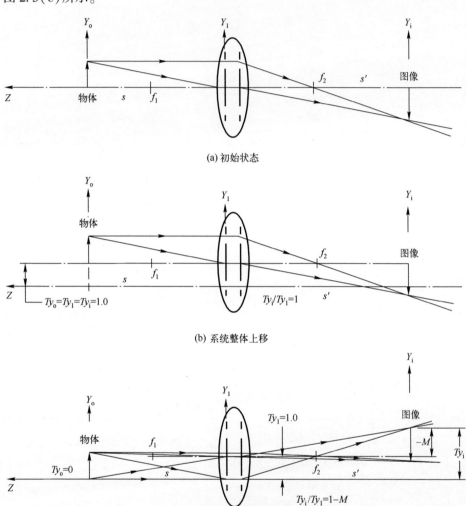

(a) 初始状态

(b) 系统整体上移

(c) 物体下移

图 2.5  透镜竖直运动

整个系统向上移动产生的图像运动(图 2.5(b))为

$$Ty_i = 1$$

物体移回到初始位置时,如图 2.5(c),图像的影响函数可以根据 2.1.1 节推导出,即

$$Ty_i = -M$$

因此，两个操作总的影响就是它们的和，即

$$Ty_i / Ty_1 = 1 - M$$

## 2.2.2 透镜水平运动

和上面类似，在水平运动方向构想一个实验并进行叠加，可以得到透镜水平运动时的影响函数为

$$Tx_i / Tx_1 = 1 - M$$

## 2.2.3 透镜轴向运动

透镜轴向运动 $Tz_1$，可以使图像产生一个轴向运动以及图像尺寸的变化。

### 2.2.3.1 图像运动

和 2.2.1 节类似，构想一个实验并叠加，可以得到透镜轴向运动对图像轴向移动的影响，即

$$\frac{Tz_i}{Tz_1} = 1 - \left[ \frac{M^2}{1 + (MTz_1/f)} \right]$$

在这个表达式中，注意第一项的"1"并没有在分子上和 $M^2$ 在一起。以合适的形式重新排列上式，得

$$\frac{Tz_i}{Tz_1} = \frac{1 - M^2}{1 - M^3 Tz_1 (f + Tz_1 - fM^2)}$$

影响系数就是 $1 - M^2$，偏差分数就是 $-M^3 Tz_1 (f + Tz_1 - fM^2)$。

偏差分数的复杂的形式，是由于在放大率取值 $+1.0$ 和 $-1.0$ 附近时方程的奇异性造成的。在这两种条件下，实际像移都是 $0.0$。由于实际像移在偏差分数的分母中，也就是

$$e = (线性像移 - 实际像移)/实际像移$$

因此，可以看出，不论是什么变量发生变化，只要使放大率接近 $\pm 1.0$，实际像移产生的偏差分数的值都趋于无穷。尽管在 $M = \pm 1.0$ 的附近偏差分数变化非常快，实际的像移却是很小的，类似的以尺寸量纲表示的非线性偏差也非常小。

由于非线性影响的大小是独立于物体或者透镜的运动的，因此，以尺寸量纲如毫米表示的非线性偏差，可以根据物体运动的偏差分数精确地计算，即

$$e = -MTz_{o1}/f$$

### 2.2.3.2 图像尺寸

透镜的轴向运动同时还会产生图像尺寸的变化。采用构想实验并叠加的方

法,并注意到透镜的运动量 $Tz_1$ 和物体运动量 $Tz_o$ 是相等的,可以得到

$$\frac{\Delta M}{MTz_1}=\frac{(-M/f)}{1-(MTz_1/f)}$$

其中影响系数为 $-M/f$,偏差分数为 $-(MTz_1/f)$。

### 2.2.4 透镜绕水平方向的转动

应用思维实验和叠加的方法,可以得到透镜绕水平方向转动时的影响函数(图 2.6)为

$$Rx_i/Rx_1=1-M$$

不过,还存在另外的运动分量。由于透镜绕着它的第一主点转动,同时还会存在一个沿着 $Y$ 轴方向的像移,它和主点厚度 $p$ 正好成比例,即

$$Ty_i/Rx_1=p$$

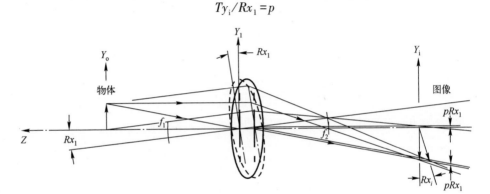

图 2.6 透镜绕水平方向的转动

### 2.2.5 透镜绕竖直方向转动

对于透镜绕着竖直方向转动,采用思维实验和叠加的方法,也可以得到类似结果,即

$$Ry/Ry_1=1-M$$
$$Tx_i/Ry_1=-p$$

### 2.2.6 透镜绕轴向转动

对于透镜绕轴向的转动,没有必要再采用设想实验的方法。由于透镜是旋转对称的,它的轴向运动对于图像没有影响,因此

$$Rz_i/Rz_1=1$$

## 2.2.7 透镜焦距变化

### 2.2.7.1 图像运动

透镜焦距变化时,图像位置也会改变,如图 2.7 所示。焦距变化、图像位置变化时的高斯公式为

$$\frac{1}{s}-\frac{1}{s'+\Delta s'}=\frac{1}{f+\Delta f}$$

没有产生扰动时的高斯公式为

$$\frac{1}{s}-\frac{1}{s'}=\frac{1}{f}$$

由第一个公式求解 $\Delta s'$,得

$$\Delta s'=\frac{sf+s\Delta f+s's-s'f-s'\Delta f}{-s+f+\Delta f}$$

上面第二个公式重新排列,得到如下两式:

$$s'=(M-1)f$$

$$s=\frac{(M-1)f}{M}$$

把 $s'$ 和 $s$ 代入 $\Delta s'$ 公式,得

$$\Delta s'=\left[\frac{(M-1)^2\Delta f}{1+(M\Delta f/f)}\right]$$

因而,影响函数为

$$\frac{\Delta s'}{\Delta f}=\left[\frac{(M-1)^2}{1+(M\Delta f/f)}\right]$$

注意到 $\Delta s'=Tz_i$,因此,可以得到影响函数 $Tz_i/\Delta f$ 如下:

$$\frac{Tz_i}{\Delta f}=\frac{-(M-1)^2}{1+(M\Delta f/f)}$$

$$\frac{Tz_i}{\Delta f}=\frac{-(1-M)^2}{1+(M\Delta f/f)}$$

影响系数为 $-(1-M)^2$,偏差分数为 $M\Delta f/f$。注意到在影响系数中的最初的负号是在括号的外边,因此这个影响系数总是负的。

### 2.2.7.2 尺寸变化

透镜焦距变化同时也会产生图像大小的变化。对于有限的焦距变化量,重写高斯公式如下:

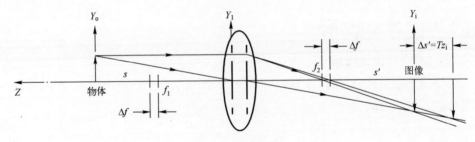

图 2.7　焦距变化

$$\frac{1}{s}-\frac{1}{s'+Tz_i}=\frac{1}{f+\Delta f}$$

未扰动时的高斯公式必须满足下式：

$$\frac{1}{s}-\frac{1}{s'}=\frac{1}{f}$$

注意到 $\Delta s'/s=\Delta M,s'/s=M$，因此，有

$$M+\Delta M=\frac{s'+\Delta s'}{s},\quad \frac{\Delta M}{M}=\frac{\Delta s'/s}{s'/s}==\frac{\Delta s'}{s'}$$

以及

$$\Delta s'=\frac{s'\Delta M}{M}$$

由 2.2.7.1 节可以得到

$$s'=(M-1)f$$

因此

$$\Delta s'=\frac{(M-1)f\Delta M}{M}$$

$$\frac{\Delta s'}{\Delta f}=\frac{(M-1)f\Delta M}{M\Delta f}$$

由于 $Tz_i=\Delta s'$，因此可以得到影响函数为

$$\frac{Tz_i}{\Delta f}=\frac{(M-1)f\Delta M}{M\Delta f}=\frac{-(M-1)^2}{1+(M\Delta f/f)}$$

上式可以进一步演变为

$$\frac{\Delta M}{M\Delta f}=\frac{1-M}{f[1+(M\Delta f/f)]}$$

由此，得到影响系数为 $(1-M)/f$，偏差分数为 $M\Delta f/f$。

32

## 2.2.8 透镜影响函数总结

透镜的影响函数,也就是由包括焦距变化在内 7 个透镜运动量产生的 7 个图像运动量,可以排列为如表 2.3 所列的阵列形式。

表 2.3 透镜影响函数汇总

| 图像运动 | $Tx_1$ | $Ty_1$ | $Tz_1$ | $Rx_1$ | $Ry_1$ | $Rz_1$ | $\Delta f_1$ |
|---|---|---|---|---|---|---|---|
| $Tx_i$ | $1-M$ | | | | $-p$ | | |
| $Ty_i$ | | $1-M$ | | $p$ | | | |
| $Tz_i$ | | | $\dfrac{1-M^2}{1-M^3 Tz_1(f+Tz_1-fM^2)}$ | | | | $\dfrac{(M-1)^2}{1+M\Delta f/f}$ |
| $Rx_i$ | | | | $1-M$ | | | |
| $Ry_i$ | | | | | $1-M$ | | |
| $Rz_i$ | | | | | | $0.0$ | |
| $\Delta M/M$ | | | $\dfrac{-M/f}{1-MTz_1/f}$ | | | | $\dfrac{(1-M)/f}{1+M\Delta f/f}$ |
| 透镜运动 | | | | | | | |

从工程应用角度出发对这些结果重新排列,把影响系数和偏差分数分别用两个独立的阵列来表示,如表 2.4(a)、(b)所示。注意在表 2.4(b)中,对应于透镜的运动 $Tz_1$ 有个很长的表达式,关于这个公式的评论请参见 2.2.3.1 节。

表 2.4(a) 透镜影响系数

| 图像运动 | $Tx_1$ | $Ty_1$ | $Tz_1$ | $Rx_1$ | $Ry_1$ | $Rz_1$ | $\Delta f_1$ |
|---|---|---|---|---|---|---|---|
| $Tx_i$ | $1-M$ | | | | $-p$ | | |
| $Ty_i$ | | $1-M$ | | $p$ | | | |
| $Tz_i$ | | | $1-M^2$ | | | | $-(M-1)^2$ |
| $Rx_i$ | | | | $1-M$ | | | |
| $Ry_i$ | | | | | $1-M$ | | |
| $Rz_i$ | | | | | | $0.0$ | |
| $\Delta M/M$ | | | $-M/f$ | | | | $(1-M)/f$ |
| 透镜运动 | | | | | | | |

表 2.4(b)　透镜偏差分数

| 图像运动 | | | | | | | |
|---|---|---|---|---|---|---|---|
| $Tx_i$ | | | | | | | |
| $Ty_i$ | | | | | | | |
| $Tz_i$ | | $-\dfrac{M^3 Tz_1}{f+MTz_1-fM^2}$ | | | | | $M\Delta f/f$ |
| $Rx_i$ | | | | | | | |
| $Ry_i$ | | | | | | | |
| $Rz_i$ | | | | | | | |
| $\Delta M/M$ | | $-MTz_1/f$ | | | | | $M\Delta f/f$ |
| | $Tx_1$ | $Ty_1$ | $Tz_1$ | $Rx_1$ | $Ry_1$ | $Rz_1$ | $\Delta f_1$ |
| 透镜运动 | | | | | | | |

## 2.2.9　非线性影响的大小

正如 2.2.3.1 节所述,由复杂的偏差分数 $Tz_i/Tz_1$ 描述的非线性,可以由更为简单的偏差分数 $Tz_i/Tz_o$ 计算。对于物体和透镜沿着 $Z$ 轴的运动,分别建立它们的偏差公式 $\delta$,即

$$\delta_{object} = M^3 Tz_o^2 \left(\frac{1}{f-M^2 Tz_o}\right)$$

$$\delta_{lens} = (1-M^2) Tz_1 \left[1-\left(\frac{1}{1-\dfrac{M^3 Tz_1}{f+MTz_1-f(M)^2}}\right)\right]$$

对于一个焦距为 50mm 的透镜,在放大率从 -6 到 +6 的范围内绘制它们的曲线,如图 2.8 所示,可以看到这两个函数是非常相似的。实际上,如果把其中一个图形放大率坐标轴线的方向反转,这两个函数就会完全重叠。因此,可以由这个更简单的公式来计算非线性的影响,不过必须反向理解透镜放大率的意义。

在图 2.8 中的曲线都是三次多项式函数。为进一步深入研究这个函数的特性,以位移量纲表示的精确值和线性估计值之差来推导尺寸的非线性,即

$$Tz_i = \left[\frac{M^2}{1-MTz_o/f}\right] Tz_o \quad （精确的）$$

$$Tz_i = M^2 Tz_o \quad （线性近似）$$

$$\delta = 线性值 - 精确值 = M^2 Tz_o - \left[\frac{M^2}{1-MTz_o/f}\right] Tz_o$$

$$= \left\{M^2\left[\frac{1-MTz_o/f-1}{1-MTz_o/f}\right]\right\} Tz_o$$

34

$$= \frac{(M^3 T z_\mathrm{o}^2 / f)}{1 - M T z_\mathrm{o}/f}$$

$$= \frac{(M^3 T z_\mathrm{o}^2 / f)}{1 - e}$$

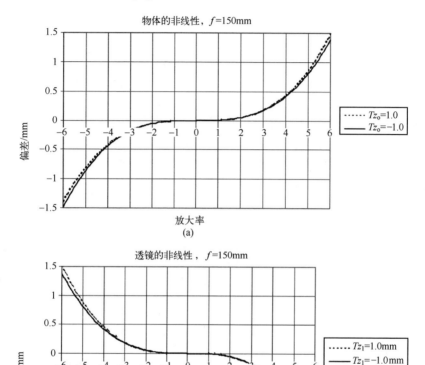

图 2.8　非线性影响的大小

（a）透镜；（b）物体。

因此,在 $e$ 相对于 1.0 很小的情况下,尺寸非线性对于配准变量的影响特点就是和 $M^3$、$T z_\mathrm{o}^2$、$1/f$ 成比例。

工程师通过记录光学元件放大率和它的焦距的比值,就可以掌握检查非线性影响的必要信息,即

$$M/f = e/T z_\mathrm{o}$$

35

这个比值称为名义的偏差分数。使用这个比值,工程师就可以根据对期望运动 $Tz_0$,$Tz_1$ 和 $\Delta f$ 的了解或者估计来评估非线性的影响。

## 2.3 透镜影响函数总结

上述公式可以把焦距变化作为一种可能的设计变量。然而,在设计透镜时很少指定焦距变量,而是指定 4 个物理光学指标变量,也就是两个半径、一个厚度和一种材料(折射率)。这样就会产生一个奇异的高斯指标集合,也就是:焦距、两个主点和主点厚度。

任何物理光学指标变量发生变化,在某种程度上都会影响所有 4 个高斯指标变量。不过,实际情况是,物理光学指标的变化对于焦距的影响比对其他任何高斯指标变量都大。这主要是因为焦距在数值上通常比其他高斯变量都更大(一般会大一两个数量级),并且物理光学指标变量对它也有非常强的影响。

对于近轴指标公式,首先可以得到:

$$\frac{1}{f} = (n-1)\left[\frac{1}{R_2} - \frac{1}{R_1} + \frac{t(n-1)}{nR_1R_2}\right]$$

$$H_1 = \frac{-ft(n-1)}{nR_2}$$

$$H_2 = \frac{-ft(n-1)}{nR_1}$$

$$p = t\left[1 - f(n-1)\left(\frac{1/R_2 - 1/R_1}{n}\right)\right]$$

不必建立这些近轴变量和物理光学指标变量之间所有的影响函数,只需要建立如表 2.5 所列的影响系数(所有近轴变量关于 4 个物理光学指标变量的一阶偏导)。

从实际经验知道,透镜设计变量对于配准误差的影响函数,主要是由它们关于透镜焦距的影响函数决定。其中部分原因在于,焦距相对其他高斯指标变量更大,因此,焦距微小的变化量在绝对值上比任何其他可比的高斯变量小的变化量都大非常多。在表 2.5 中给出了所有的透镜设计变量的影响函数,不过,在本书后续内容中只介绍和焦距相适应的函数。

对于一个成像透镜的影响函数可以汇总为 3 列:一列对应物体运动;一列对应透镜运动;另一列和透镜设计变量对应(表 2.6)。在机械或者光学设计变量有任何扰动的时候,工程师就可以根据这些列来确定光学图像的位置、方向及大小。

36

表 2.5 透镜设计变量对高斯变量的影响

高斯变量

| 高斯变量 | $\Delta t$ | $\Delta R_1$ | $\Delta R_2$ | $\Delta n$ |
|---|---|---|---|---|
| $\Delta f$ | $-\dfrac{f^2(n-1)^2}{nR_1R_2}$ | $(n-1)f^2\left[\dfrac{t(n-1)}{nR_1^2R_2}-\dfrac{1}{R_1^2}\right]$ | $(n-1)f^2\left[\dfrac{t(n-1)}{nR_1R_2^2}-\dfrac{1}{R_2^2}\right]$ | $-\dfrac{tf^2(n-1)}{n^2R_1R_2}-\dfrac{f}{(n-1)}$ |
| $\Delta H$ | $-\dfrac{f(n-1)}{nR_2}\left[1-\dfrac{t(n-1)^2f}{nR_1R_2}\right]$ | $\dfrac{t(n-1)^2f^2}{nR_1^2R_2}\left[1-\dfrac{t(n-1)}{nR_2}\right]$ | $\dfrac{t(n-1)f}{nR_2^2}\left[1-\dfrac{t(n-1)^2f}{nR_1R_2}-\dfrac{(n-1)}{R_2}\right]$ | $\dfrac{t(n-1)f}{n^2R_2}\left[1+\dfrac{t(n-1)f}{nR_1R_2}\right]$ |
| $\Delta H_2$ | $\dfrac{f(n-1)}{nR_1}\left[1-\dfrac{t(n-1)^2f}{nR_1R_2}\right]$ | $\dfrac{t(n-1)f}{nR_1^2}\left[1-\dfrac{t(n-1)^2f}{nR_1R_2}+\dfrac{(n-1)f}{R_1}\right]$ | $-\dfrac{t(n-1)^2f^2}{nR_1R_2^2}\left[1+\dfrac{t(n-1)}{nR_1}\right]$ | $\dfrac{t(n-1)f}{n^2R_1}\left[1+\dfrac{t(n-1)f}{nR_1R_2}\right]$ |
| $\Delta p$ | $1-\left[\dfrac{(n-1)f}{nR_1R_2}\right]\left[1-\dfrac{t(n-1)^2f}{nR_1R_2}\right](R_1-R_2)$ | $\left\{1+f(n-1)\left(\dfrac{1}{R_1}-\dfrac{1}{R_2}\right)\left[1-\dfrac{t(n-1)}{nR_2}\right]\right\}$ | $\left\{1+f(n-1)\left(\dfrac{1}{R_1}-\dfrac{1}{R_2}\right)\left[1+\dfrac{t(n-1)}{nR_1}\right]\right\}$ | $\dfrac{t(n-1)f}{n^2R_1R_2}\left[1+\dfrac{t(n-1)f}{nR_1R_2}(R_1-R_2)\right]$ |

透镜设计变量

表 2.6  成像透镜的影响系数

| 图像运动 | Tx_o | Ty_o | Tz_o | Rx_o | Ry_o | Rz_o | Tx_1 | Ty_1 | Tz_1 | Rx_1 | Ry_1 | Rz_1 | Δt | ΔR_1 | ΔR_2 | Δf_1 | Δn |
|---|---|---|---|---|---|---|---|---|---|---|---|---|---|---|---|---|---|
| | $M$ | $M$ | $M^2$ | $M$ | $M$ | $1.0$ | $1-M$ | $1-M$ | $1-M^2$ | $1-M$ | $1-M$ | $0.0$ | 物体运动 | | | 透镜运动 | |
| $Tx_i$ | $M$ | | | | | | $1-M$ | | | | | | | | | | |
| $Ty_i$ | | $M$ | | | | | | $1-M$ | | | | | | | | | |
| $Tz_i$ | | | $M^2$ | | | | | | $1-M^2$ | | | | | | | $-(1-M)^2$ | |
| $Rx_i$ | | | | $M$ | | | | $p$ | | $1-M$ | | | | | | | |
| $Ry_i$ | | | | | $M$ | | $-p$ | | | | $1-M$ | | | | | | |
| $Rz_i$ | | | | | | $1.0$ | | | | | | $0.0$ | | | | | |
| $\Delta M/M$ | | | $M/f$ | | | | | | $-M/f$ | | | | | | | $(1-M)/f$ | |

透镜设计变量

$$\Delta f = -\frac{f^2(n-1)^2}{nR_1R_2}\,\Delta t + (n-1)f^2\left[\frac{t(n-1)}{nR_1^2R_2}-\frac{1}{R_1^2}\right]\Delta R_1 + (n-1)f^2\left[\frac{t(n-1)}{nR_1R_2^2}+\frac{1}{R_2^2}\right]\Delta R_2 + \left[\frac{tf^2(n-1)}{n^2R_1R_2}-\frac{f}{(n-1)}\right]\Delta n$$

38

透镜的偏差分数汇总为两列：一列对应物体的运动，一列对应透镜的运动（表2.7）。这些分开表示的列可以允许工程师评估光学图像位置、方向以及大小的非线性量级，并且根据需要采取合适措施。

表2.7　成像透镜的偏差分数

| $Tx_i$ | | | | |
| $Ty_i$ | | | | |
| $Tz_i$ | $-MTz_o/f$ | | $\dfrac{-M^3 Tz_1}{f+MTz_1-fM^2}$ | $M\Delta f/f$ |
| $Rx_i$ | | | | |
| $Ry_i$ | | | | |
| $Rz_i$ | | | | |
| $\Delta M/M$ | $MTz_o/f$ | | $-MTz_1/f$ | $M\Delta f/f$ |
| | $Tx_o\ Ty_o$　$Tz_o$　$Rx_o\ Ry_o\ Rz_o$ | $Tx_1\ Ty_1$　$Tz_1$　$Rx_1\ Ry_1\ Rz_1$　$\Delta f_1$ | | |
| | 物体运动 | 透镜运动 | | |

## 2.4　探测器的影响函数

对于一个简单光学成像系统来说，还需要一个探测器来记录图像。和上述描述的透镜类似，对于探测器来说，需要用两列来描述它的影响函数。假设透镜所成的图像能够被感知并且记录在探测器上。采用和透镜类似的形式，透镜产生的图像可考虑作为探测器的物体，而探测器的图像可以考虑作为一个可视化的电子监视器、一个显影的感光胶片或者一个数据存储硬盘。

在透镜产生的图像（也就是探测器的物体）和探测器的输出（可以采用任何一种方式）之间，通过交互成像，就可以很容易建立探测器的影响函数。如果探测器的物体（透镜的图像）沿着 $Y$ 轴正向移动，如图2.9所示，那么，探测器就会感知到这个沿 $Y$ 轴正向的移动并且传递给探测器的图像（监视器）。观察者通过探测器也就会感知到探测器物体在 $Y$ 轴正向的运动（透镜的图像）。因此，存在以下关系：

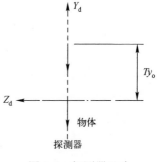

图2.9　探测器运动

$$Ty_i/Ty_o = 1.0$$

39

对于其他几个物体的运动(平动和转动),也可以采用类似的思维实验的方法,可以看到探测器会完全直接记录探测器物体的运动,所有的影响系数也都是1.0。

现在,考虑沿着$Y$轴正向移动探测器产生的影响。此时,记录介质会告诉我们探测器的物体产生沿$Y$轴负向的运动。因此,对于探测器沿$Y$轴的运动,它的影响函数为

$$Ty_i / Ty_d = -1.0$$

对其他几个探测器运动进行同样的实验,可以看到它们都会在探测器运动的相反方向记录下这个运动。因此,所有这些影响函数都是-1.0。在表2.8中给出了探测器影响系数的阵列。探测器的影响函数是线性的,因此不存在偏差分数。

表 2.8　探测器影响系数

| 图像运动 | | | | | | | | | | | |
|---|---|---|---|---|---|---|---|---|---|---|---|
| $Tx_i$　1.0 | | | | | | -1.0 | | | | | |
| $Ty_i$　　1.0 | | | | | | | -1.0 | | | | |
| $Tz_i$　　　1.0 | | | | | | | | -1.0 | | | |
| $Rx_i$　　　　1.0 | | | | | | | | | -1.0 | | |
| $Ry_i$　　　　　1.0 | | | | | | | | | | -1.0 | |
| $Rz_i$　　　　　　1.0 | | | | | | | | | | | -1.0 |
| $\Delta M/M$ | | | | | | | | | | | |
| $Tx_o$ | $Ty_o$ | $Tz_o$ | $Rx_o$ | $Ry_o$ | $Rz_o$ | $Tx_d$ | $Ty_d$ | $Tz_d$ | $Rx_d$ | $Ry_d$ | $Rz_d$ |
| 物体运动 | | | | | | 探测器运动 | | | | | |

# 第3章　光机约束方程

物体、透镜以及探测器的影响函数决定了形成的图像的位置、方向及大小。这些影响函数可以合并成 7 个方程，它们可以确定图像位置、方向以及大小，不仅适用于简单光学系统，对于复杂光学系统同样适用。这 7 个方程就是光机约束方程，本章将建立一个单透镜系统和一个多透镜系统的光机方程。

## 3.1　单透镜系统

在建立了透镜和探测器的影响函数之后，现在就可以建立如图 3.1 所示的一个简单光学成像系统(单透镜系统)的 7 个光机约束方程，由此可以确定产生的图像的位置、方向和大小。

在探测器上的系统像移(在显示器可以观测到的图像运动)称为配准变量。如表 3.1 所列，每个配准变量都等于它左边的所有项(包括物体、透镜以及探测器)的总和。共有 7 个配准变量，这和高斯图像变量是一致的，即 3 个平动、3 个转动和 1 个尺寸变化。在表 3.1 中最右一列就是配准变量。在分析中，这 7 个变量通常称为因变量。

在表的底部排列的机械设计变量，通常都是独立变量。这些独立变量可以表示物体、透镜、探测器的运动以及它们任何形式的组合。产生独立变量的原因可能有：制造误差、重力变形、振动激励、瞬态加热，或者光学系统可能经历的其他工作条件。在这个特定的例子中，共有 19 个独立变量，其中包括焦距的变化 $\Delta f$。独立变量对于配准变量的影响，在表中需要从左至右沿着 7 个行分别累加起来(用公式表达)。

焦距的变化可以根据在 2.3 节确定的透镜的影响系数，由 4 个透镜设计变量确定，如表 3.2 所列。

透镜设计变量的变化原因可能有许多，如透镜图纸标注的制造误差、由于温度变化造成的尺寸和折射率的变化等。相对折射率同时也会由于所在介质的折射率的变化而发生变化(假设标准条件下的大气中)。

41

表 3.1 单透镜成像系统的像移

| | 物体运动 | | | | | | 透镜运动 | | | | | | 机械设计变量 | 探测器运动 | | | | | | 配准变量 |
|---|---|---|---|---|---|---|---|---|---|---|---|---|---|---|---|---|---|---|---|---|
| | $Tx_o$ | $Ty_o$ | $Tz_o$ | $Rx_o$ | $Ry_o$ | $Rz_o$ | $Tx_1$ | $Ty_1$ | $Tz_1$ | $Rx_1$ | $Ry_1$ | $Rz_1$ | $\Delta f_1$ | $Tx$ | $Ty$ | $Tz$ | $Rx$ | $Ry$ | $Rz$ | |
| | $M$ | | | | | | $1-M$ | | | | | | | $-1.0$ | | | | | | $=Tx_i$ |
| | | $M$ | | | | | | $1-M$ | | | | | | | $-1.0$ | | | | | $=Ty_i$ |
| | | | $M^2$ | | | | | | $1-M^2$ | $p$ | $-p$ | | $-(1-M)^2$ | | | $-1.0$ | | | | $=Tz_i$ |
| | | | | $M$ | | | | | | $1-M$ | | | | | | | $-1.0$ | | | $=Rx_i$ |
| | | | | | $M$ | | | | | | $1-M$ | | | | | | | $-1.0$ | | $=Ry_i$ |
| | | | | | | $1.0$ | | | | | | $0.0$ | | | | | | | $-1.0$ | $=Rz_i$ |
| | | | $M/f$ | | | | | | $-M/f$ | | | | $(1-M)/f$ | | | | | | | $=\Delta M/M$ |

42

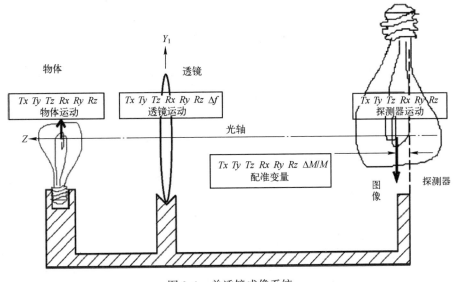

图 3.1　单透镜成像系统

表 3.2　单透镜系统焦距的影响系数

| $\Delta f=$ | $-\dfrac{f^2(n-1)^2}{nR_1R_2}$ | $(n-1)f^2\left[\dfrac{t(n-1)}{nR_1^2R_2}-\dfrac{1}{R_1^2}\right]$ | $(n-1)f^2\left[\dfrac{t(n-1)}{nR_1R_2^2}+\dfrac{1}{R_2^2}\right]$ | $-\dfrac{tf^2(n-1)}{n^2R_1R_2}-\dfrac{f}{(n-1)}$ |
|---|---|---|---|---|
| | $\Delta t$ | $\Delta R_1$ | $\Delta R_2$ | $\Delta n$ |
| | | 透镜设计变量 | | |

表 3.1 中的 7 个方程决定了系统探测器上高斯图像的位置、方向和大小,也就是光机约束方程。这些方程确定了独立变量和透镜设计变量发生变化时光学图像的变化量。

7 个方程中的影响系数根据每个元件的放大率、焦距以及主点厚度来计算。独立变量的大小可通过系统的机械特性分析确定。然后,把影响系数乘以相应的独立变量并累加起来,就可以确定 7 个配准变量的误差。

### 3.1.1　一个标线投影系统的例子

某公司在制造成像系统时,希望把一个标线投射到一个已有实验装置的 CCD 上。光学部门发现有一个备用的标线可以完成这个工作,并且用一个平凸透镜把它投射到 CCD 上。这个标线就是投影系统的物体,它在 CCD 上的图像比物理标线大两倍。由于这个系统成倒立实像,因此,它的放大率为-2。这个透镜是一个标准商业产品,下面是以机械设计的符号约定给出厂家发布的产品特性:

$$f = 150\text{mm} \pm 2\%, \quad H_2 = 4.9\text{mm}, \quad t = 7.4\text{mm}$$

在设计投影仪时,如图 3.2 所示,透镜的凸面对着标线(物体)。在这个构型中,第一个主点位于第一表面(凸面)的顶点上,也就是说 $H_1 = 0$。则可以计算出主点厚度为

$$p = t + H_1 - H_2 = 7.4 + 0.0 - 4.9 = 2.5\text{mm}$$

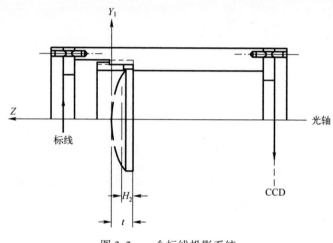

图 3.2　一个标线投影系统

应用这些数据,就可以直接写出这个单透镜系统的光机约束方程,如表 3.3 所列。

这个透镜名义的偏差分数为

$$e/Tz_o = M/f = 2.0/150 = 0.01333\text{mm}^{-1}$$

由于偏差分数是无量纲的,因而这个名义偏差分数则是焦距单位量纲的倒数,在这个例子中就是毫米的倒数。

这样,工程师就可以确定焦距误差的影响,即

$$\Delta f = \pm 2\%, \quad Tz_i = \pm(-9.0 \times \pm 3.0) = \pm 27\text{mm}$$

$$\Delta M/M = \pm(0.0200 \times \pm 3.0) = \pm 0.0600,$$

相对非线性 $= 0.01333 \times \pm 3.0 = \pm 0.0400$ 或者 4%

表 3.3 标线投影仪的影响系数

| 物体运动 | | | | | | 透镜运动 机械设计变量 | | | | | | | 探测器运动 | | | | | | 配准变量 |
| --- | --- | --- | --- | --- | --- | --- | --- | --- | --- | --- | --- | --- | --- | --- | --- | --- | --- | --- | --- |
| $Tx_o$ | $Ty_o$ | $Tz_o$ | $Rx_o$ | $Ry_o$ | $Rz_o$ | $Tx_1$ | $Ty_1$ | $Tz_1$ | $Rx_1$ | $Ry_1$ | $Rz_1$ | $\Delta f_1$ | $Tx$ | $Ty$ | $Tz$ | $Rx$ | $Ry$ | $Rz$ | |
| -2 | | | | | | 3 | | | | -2.5 | | | -1.0 | | | | | | $=Tx_i$ |
| | -2 | | | | | | 3 | | 2.5 | | | | | -1.0 | | | | | $=Ty_i$ |
| | | 4 | | | | | | -3 | | | | -9 | | | -1.0 | | | | $=Tz_i$ |
| | | | -2 | | | | | | 3 | | | | | | | -1.0 | | | $=Rx_i$ |
| | | | | -2 | | | | | | 3 | | | | | | | -1.0 | | $=Ry_i$ |
| | | | | | 1.0 | | | | | | | | | | | | | -1.0 | $=Rz_i$ |
| | | -0.0133 | | | | | | 0.0133 | | | 0.0 | 0.0200 | | | | | | | $=\Delta M/M$ |

45

## 3.2 多透镜系统

考虑如图 3.3 所示的一个多透镜系统,由位于无限远处的物体、4 个透镜以及探测器构成。系统在探测器的图像,可以认为是每个元件顺序作用结果的产物。第一个透镜的物体产生了第一个透镜的图像;依次,这个图像就成为第二个透镜的物体,从而产生了第二个透镜的图像;第二个透镜的图像依次成为第三个透镜的物体,产生了第三个透镜的图像;第三个透镜的图像作为第四个透镜的物体,产生了第四个透镜的图像。最终,第四个透镜的图像成了探测器的物体,从而产生探测器的图像(在屏幕、胶片、人眼或者某个记录介质中的图像)。这个方法,就是把一个元件右侧的图像顺序传递,作为下一个元件左侧的物体。对于前一个元件的图像以及后一个元件的物体,二者的坐标系是一致的。

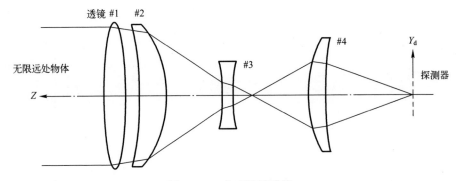

图 3.3 一个多透镜系统

建立这个多透镜系统的光机约束方程的方法是:首先,需要建立每个光学元件各自的影响函数阵列;其次,对每个元件系数从它到探测器(包括探测器)进行卷积操作成为相应物体的系数(注意,这里所说的卷积操作和通常所说的矩阵相乘过程不同)。对于配准变量 $\Delta M/M$,正如在 3.2.1 节和 3.2.2 节将要看到的那样,这个过程就是对所有元件包括从它到探测器的系数进行卷积和叠加。探测器的阵列将在 3.2.3 节介绍。

在这个系统的光机约束方程中,物体、各个光学元件以及探测器各有一个阵列。一般来说,如果一个系统有 $N$ 个光学元件的话,它的约束方程将会有 $N+2$ 列的系数,如图 3.4 所示。

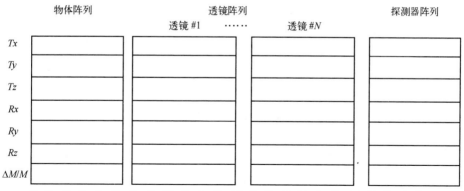

图 3.4　多透镜系统的系数阵列

### 3.2.1　系统中的物体

系统中的物体,就是系统中第一个元件的物体,它有 7 个影响系数,如图 3.5 所示,从 $A$ 到 $G$。这里首先评估系数 $A$ 到 $F$。

如果系统的物体沿着 $X$ 方向运动 $Tx_o$,那么,系统的图像也会在 $X$ 方向移动,大小为 $Tx_i$,即

$$Tx_i = Tx_o(M_1)(M_2)(M_3)(M_4)(1.0)$$

前 4 个括号中的项分别表示每个透镜的物体影响系数 $Tx_i/Tx_N$,其中 $N$ 的范围从 1 到 4。最后一个项为 $(1.0)$ 表示的是探测器的。因此,在系统的物体和图像之间的影响系数 $A$ 为

$$A = Tx_i/Tx_o = (M_1)(M_2)(M_3)(M_4)(1.0)$$

进行类似推理,对于物体另外 2 个平动及 3 个转动产生的系统系数分别如下:

$$B = Ty_i/Ty_o = (M_1)(M_2)(M_3)(M_4)(1.0)$$
$$C = Tz_i/Tz_o = (M_1^2)(M_2^2)(M_3^2)(M_4^2)(1.0)$$
$$D = Rx_i/Rx_o = (M_1)(M_2)(M_3)(M_4)(1.0)$$
$$E = Ry_i/Ry_o = (M_1)(M_2)(M_3)(M_4)(1.0)$$
$$F = Rz_i/Rz_o = (1.0)(1.0)(1.0)(1.0)(1.0)$$

可以看出这里的处理过程,就是把需要分析的光学元件(在这个例子中就是系统的物体)的影响系数,乘以在该光学元件和系统的图像(也就是探测器上

的输出）之间所有元件的影响系数。

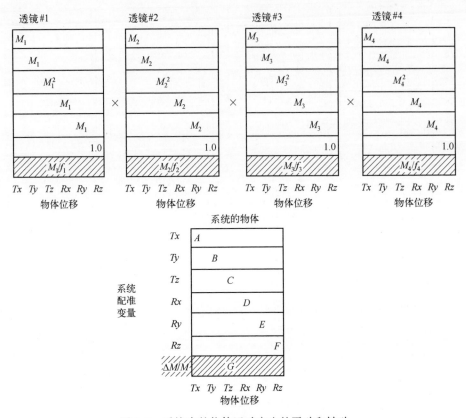

图 3.5　系统中的物体运动产生的平动和转动

现在再分析图 3.6 中物体的第七个影响函数 $G$。其中，在系统物体沿 $Z$ 轴移动时，图像大小变化的影响函数数学公式的处理方式，必须和其他几个有些差别。物体运动 $Tz_{\circ}$ 不仅会使第一个透镜的图像沿 $Z$ 轴运动，也会依次使第二个透镜的图像大小产生一个独立的变化。这个过程会对系统中每个光学元件持续作用下去，直到达到系统的图像。因此，最终产生的图像大小变化的影响函数公式，需要包含每个光学元件贡献的尺寸变化，即

$$G = \Delta M/MTz_{\circ}$$
$$= [(M_1/f_1)+(M_1^2)(M_2/f_2)+(M_1^2)(M_2^2)(M_3/f_3)$$
$$+(M_1^2)(M_2^2)(M_3^2)(M_4/f_4)](1.0)$$

从 $A$ 到 $G$ 这 7 个方程，汇总了系统物体运动对于系统像移的影响。

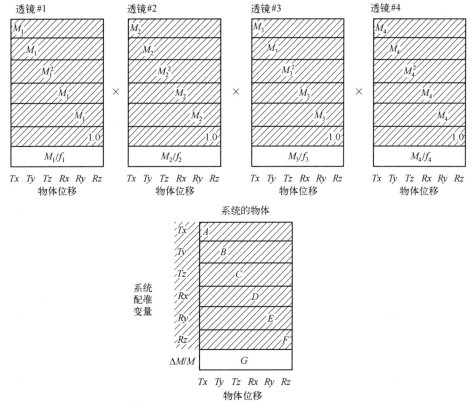

图 3.6 系统物体运动产生的图像尺寸变化

## 3.2.2 系统的透镜

如图 3.7 所示,在这个系统中,每个透镜都具有 11 个影响系数,即从 $A$ 到 $K$。首先评估从 $A$ 到 $I$ 的影响系数。对于系统中每个透镜,采用和上述系统物体类似的方式建立它们的影响系数,差别只在于起点是透镜阵列,而不是物体阵列。如果第一个透镜在 $X$ 轴方向移动,那么系统的图像也会在 $X$ 轴方向移动,大小为

$$Tx_i = Tx_1(1-M_1)(M_2)(M_3)(M_4)(1.0)$$

最后的项 $(1.0)$ 是探测器的影响,没有在图 3.5~图 3.8 中给出。透镜的影响系数 $A$ 为

$$A = Tx_i/Tx_1 = (1-M_1)(M_2)(M_3)(M_4)(1.0)$$

49

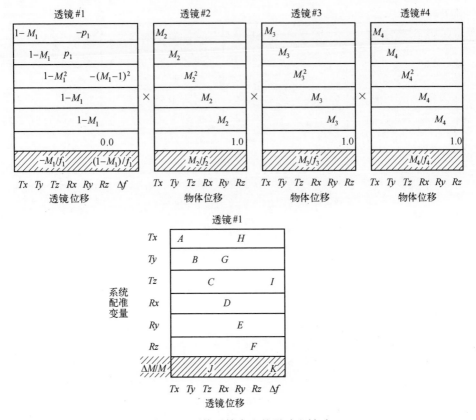

图 3.7 系统透镜产生的平动和转动

采用同样的处理方式,对于其他 2 个平动及 3 个转动,也可以给出相应的系统影响系数。注意到,在这个组中有 3 个系数,2 个和主点厚度 $p$ 有关,1 个和焦距的变化量 $\Delta f$ 有关,即

$$B = Ty_i/Ty_1 = (1-M_1)(M_2)(M_3)(M_4)(1.0)$$
$$C = Tz_i/Tz_1 = (1-M_1^2)(M_2^2)(M_3^2)(M_4^2)(1.0)$$
$$D = Rx_i/Rx_1 = (1-M_1)(M_2)(M_3)(M_4)(1.0)$$
$$E = Ry_i/Ry_1 = (1-M_1)(M_2)(M_3)(M_4)(1.0)$$
$$F = Rz_i/Rz_1 = (0.0)(1.0)$$
$$G = Ty_i/Rx_1 = (p_1)(M_2)(M_3)(M_4)(1.0)$$
$$H = Tx_i/Ry_1 = (-p_1)(M_2)(M_3)(M_4)(1.0)$$
$$I = Tz_i/\Delta f_1 = -(1-M_1)(M_2)(M_3)(M_4)(1.0)$$

在图 3.8 中,同时还有两个和图像大小有关的系统级的系数 $J$ 和 $K$。第一个系数和透镜沿 $Z$ 轴的平动有关;第二个和焦距的变化有关。采用和处理系统

50

物体相应系数类似的方式(3.2.1节),就可以建立这些系数,即

$$J = \Delta M / MTz_1$$
$$= \left[ -(M_1/f_1) + (1-M_1^2)(M_2/f_2) + (1-M_1^2)(M_2^2)(M_3/f_3) \right.$$
$$\left. + (1-M_1^2)(M_2^2)(M_3^2)(M_4/f_4) \right](1.0)$$

$$K = \Delta M / M \Delta f_1$$
$$+ \left[ (1-M_1)/f_1 - (M_1-1)^2(M_2/f_2) - (M_1-1)^2(M_2^2)(M_3/f_3) \right.$$
$$\left. - (M_1-1)^2(M_2^2)(M_3^2)(M_4/f_4) \right](1.0)$$

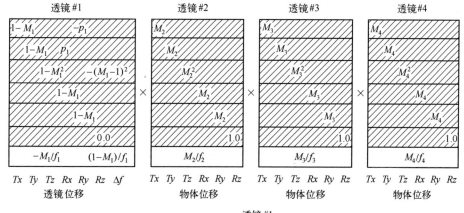

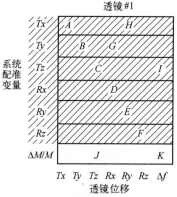

图 3.8　系统透镜产生的尺寸变化

## 3.2.3　系统的探测器

系统探测器的影响系数,和单透镜系统中一样,即

$$Tx_i / Tx_d = -1$$
$$Ty_i / Ty_d = -1$$

51

$$Tz_i/Tz_d = -1$$
$$Rx_i/Rx_d = -1$$
$$Ry_i/Ry_d = -1$$
$$Rz_i/Rz_d = -1$$

### 3.2.4 多透镜系统的有效焦距

系统的有效焦距可以提供一个非常有帮助的精度评价指标,能告诉工程师对物理光学指标理解的可信度如何。

透镜系统的有效焦距,可以根据透镜的高斯指标来确定。在这个过程中,先把前两个透镜合并成一个双胶合透镜,并计算其高斯特性,如图3.9所示。如果

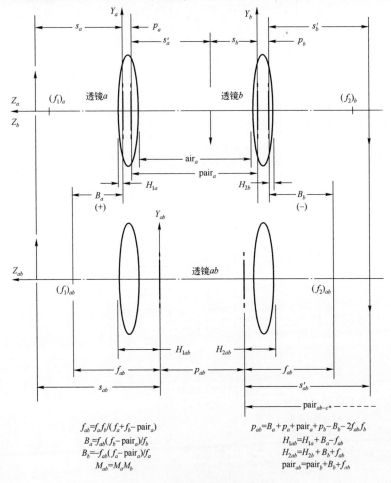

$$f_{ab}=f_af_b/(f_a+f_b-\text{pair}_a)$$
$$B_a=f_{ab}(f_b-\text{pair}_a)/f_b$$
$$B_b=-f_{ab}(f_a-\text{pair}_a)/f_a$$
$$M_{ab}=M_aM_b$$

$$p_{ab}=B_a+p_a+\text{pair}_a+p_b-B_b-2f_{ab}f_b$$
$$H_{1ab}=H_{1a}+B_a-f_{ab}$$
$$H_{2ab}=H_{2b}+B_b+f_{ab}$$
$$\text{pair}_{ab}=\text{pair}_b+B_b+f_{ab}$$

图3.9 双胶合透镜的高斯特性

第一个透镜,也就是透镜 $a$,具有的高斯属性为: $f_a$, $H_{1a}$, $H_{2a}$ 和 $p_a$;第二个高斯透镜(透镜 $b$)的高斯属性为: $f_b$, $H_{1b}$, $H_{2b}$ 和 $p_b$,那么这个双胶合透镜的高斯焦距 $f_{ab}$ 的计算公式为

$$f_{ab}=f_af_b/(f_a+f_b-\text{pair}_a)$$

式中:pair 为透镜之间空气的主点厚度。

双胶合透镜的第一个焦点 $(f_1)_{ab}$ 相对于透镜 $a$ 的第一个主点 $(P_1)_a$ 的位置 $B_a$ 为

$$B_a=f_{ab}(f_b-\text{pair}_a)/f_b$$

同理,可以得到第二个焦距 $(f_2)_{ab}$ 的位置 $B_b$ 为

$$B_b=-f_{ab}(f_a-\text{pair}_a)/f_a$$

则双胶合透镜的点主厚度 $p_{ab}$ 为

$$p_{ab}=B_a+p_a+\text{pair}_a+p_b-B_b-2f_{ab}f_b$$
$$\text{pair}_{ab}=\text{pair}_b+B_b+f_{ab}$$

根据几何关系,可以确定双胶合透镜主点 $H_{1ab}$, $H_{2ab}$ 相对于第一个和最后一个顶点的位置。双胶合透镜的放大率为

$$M_{ab}=M_aM_b$$

双胶合透镜还可以再增加另外一个透镜称为三重透镜,只需要把原来的双胶合透镜作为透镜 $a$,新增加的透镜作为透镜 $b$,重复这个过程,一次增加一个透镜,直到把所有的透镜都包含进去。

## 3.2.5 一个红外接收仪的例子

图 3.10 所示为一个四透镜红外接收仪,根据表 3.4 列出的物理光学指标完成光学设计。系统的有效焦距要求为 -51.579012,这个指标的单位为英寸[1],并且已经转换为机械设计的符号约定。现在需要建立它的光机约束方程。

表 3.4 红外投影仪的光机指标数据

| 表　面 | 元　件 | 半径/mm | 折 射 率 | 厚度/mm |
| --- | --- | --- | --- | --- |
| 1 | Obj. | Inf. | 1.000 | Inf. |
| 2 | 1 | -300 | 4.0026 | 2.000 |
| 3 | 1 | 300 | 1.0000 | 5.3566 |
| 4 | 2 | 110 | 4.0026 | 3.4500 |
| 5 | 2 | 55 | 1.0000 | 17.7750 |

---

① 1 英寸 = 2.54cm。

| 表　　面 | 元　　件 | 半径/mm | 折　射　率 | 厚度/mm |
|---|---|---|---|---|
| 6 | 3 | 310 | 4.0026 | 2.0000 |
| 7 | 3 | −215 | 1.0000 | 11.9417 |
| 8 | 4 | −11 | 4.0026 | 1.5000 |
| 9 | 4 | −22 | 1.0000 | 20.4727 |
| 10 | Det. | Inf. | 1.0000 | — |

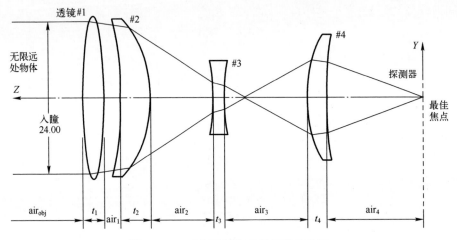

图 3.10　一个四透镜红外投影仪光路图

### 3.2.5.1　高斯指标

首先需要使用 1.6 节的公式由光机指标（表 3.4）推导出高斯指标（表 3.5），具体如下：

表 3.5　红外接收仪的高斯指标数据

| Element | $f$ | $H_1$ | $H_2$ | $p$ | pair |
|---|---|---|---|---|---|
| Obj. | Inf. | 0.0 | 0.0 | 0.0 | Inf. |
| 1 | 50.081936 | −0.2504639 | 0.2504639 | 1.4990722 | 7.2534706 |
| 2 | 34.98851 | −1.6464068 | −0.82320338 | 2.6267966 | 17.246002 |
| 3 | −42.160333 | −0.29420554 | 0.20404578 | 1.5017487 | 11.805767 |
| 4 | 6.6470266 | 0.33997836 | 0.67995673 | 1.1600216 | 21.152657 |
| Det. | Inf. | 0.0 | 0.0 | 0.0 | 0.0 |

$$\frac{1}{f} = (n-1)\left[\frac{1}{R_2} - \frac{1}{R_1} + \frac{t(n-1)}{nR_1R_2}\right]$$

$$H_1 = \frac{-ft(n-1)}{nR_2}$$

$$H_2 = \frac{-ft(n-1)}{nR_1}$$

$$p = t\left[1 - f(n-1)\left(\frac{1/R_2 - 1/R_1}{n}\right)\right]$$

变量 pair(透镜间空气的主点厚度)是从前一个元件的第二主点 $P_2$ 到后一个元件的第一个主点 $P_1$ 之间的距离,如图 3.11 所示。这个距离和物理光学指标中透镜元件之间空气的厚度(第一个元件的顶点 $V_2$ 到后一个元件的顶点 $V_1$)相同(图 3.10)。

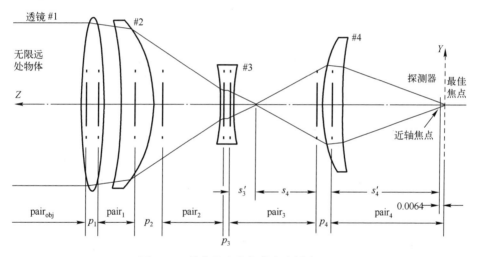

图 3.11　接收仪中空气的主点厚度 pair

然后,就可以根据表 3.5 中的数据计算这个四透镜系统的有效焦距。对于如图 3.10 所示的这个四重红外透镜来说,其中第一个元件的焦距为

$$f_1 = 50.08$$

把 $f_1$ 和第二个透镜合并,这个双胶合透镜的有效焦距为

$$f_{1\text{-}2} = 22.5$$

把 1-2 双胶合透镜和第三个透镜合并,这个三重透镜的有效焦距为

$$f_{1\text{-}3} = 23.65$$

把 1-3 三重透镜和第四个(最后一个)透镜合并,就可得到系统的有效焦距为

$$f_{1-4} = -51.58$$

得到的系统有效焦距和光学设计软件给出的有效焦距 $efl$ 精度相符。

$$efl = -51.579012$$

并且,它还能够有助于正确理解物理光学指标应用的置信度。

### 3.2.5.2　物体、图像以及放大率

接下来,需要定位所有的中间物体以及图像,并根据公式计算每个元件的放大率(表 3.6);应该注意到每个元件的物距 $s$,是根据属性 $s'$ 和前一个元件的 pair 值计算的,如图 3.11 给出的 3、4 元件,即

$$s = s'_{elem-1} + pair_{elem-1}$$

$$s' = 1/(1/s - 1/f)$$

$$M = s'/s$$

作为一个例子,这里给出了元件 4 属性计算过程:

$$s_4 = s'_3 + pair_3 = -2.111479 + 11.805767 = 9.694288$$

$$s'_4 = 1/(1/s_4 - 1/f_4) = 1/(1/9.694288 - 1/6.647027) = -21.14626$$

$$M = s'_4/s_4 = -21.14626/9.694288 = -2.181311$$

注意到,高斯图像没有精确放置在探测器上,而是大约在探测器前 0.0064 英寸。这是因为光学指标中给出的探测器最佳位置是在整个视场的最佳焦平面上的,这个位置肯定和近轴或者高斯焦距有某种程度的差别,这个差别说明了系统图像的几何精度大约为 6:510000。

表 3.6　红外接收仪的物体、图像及放大率

| 元件 | $f$ | $s$ | $s'$ | $M$ |
|---|---|---|---|---|
| Obj. | Inf. | 0.0 | 0.0 | 1.0 |
| 1 | 50.081936 | Inf. | −50.08194 | 0.0 |
| 2 | 34.98851 | −42.82846 | −19.25678 | 0.4496257 |
| 3 | −42.160333 | −2.010775 | −2.111479 | 1.050082 |
| 4 | 6.6470266 | 9.694288 | −21.14626 | −2.181311 |
| Det. | Inf. | $6.39518 \times 10^{-3}$ | $6.39518 \times 10^{-3}$ | 1.0 |

### 3.2.5.3　单元阵列

现在已经知道了系统中所有光学元件的焦距、放大率以及主点厚度。根据这些信息,下一步就是准备元件的阵列。这个阵列的第一至第四行分别为表 3.7(a)~(d)。探测器阵列为表 3.7(e),探测器上没有透镜设计变量。

表 3.7(a)　第一个透镜的元件阵列

| 图像运动 | Tx | Ty | Tz | Rx | Ry | Rz | Tx | Ty | Tz | Rx | Ry | Rz | Δf |
|---|---|---|---|---|---|---|---|---|---|---|---|---|---|
| $Tx$ | 0.0 | | | | | | 1.0 | | | | −1.4991 | | |
| $Ty$ | | 0.0 | | | | | | 1.0 | | 1.4991 | | | |
| $Tz$ | | | 0.0 | | | | | | 1.0 | | | | −1.0 |
| $Rx$ | | | | 0.0 | | | | | | 1.0 | | | |
| $Ry$ | | | | | 0.0 | | | | | | 1.0 | | |
| $Rz$ | | | | | | 1.0 | | | | | | 0.0 | |
| $\Delta M/M$ | | | 0.0 | | | | | | 0.0 | | | | 0.01997 |
| | $Tx$ | $Ty$ | $Tz$ | $Rx$ | $Ry$ | $Rz$ | $Tx$ | $Ty$ | $Tz$ | $Rx$ | $Ry$ | $Rz$ | $\Delta f$ |
| | 物体运动 | | | | | | 透镜运动 | | | | | | |

| | $\Delta t$ | $\Delta R_1$ | $\Delta R_2$ | $\Delta n$ |
|---|---|---|---|---|
| $\Delta f$ | 0.627 | −0.833 | 0.833 | −16.67 |
| | 透镜设计变量 | | | |

表 3.7(b)　第二个透镜的元件阵列

| 图像运动 | Tx | Ty | Tz | Rx | Ry | Rz | Tx | Ty | Tz | Rx | Ry | Rz | Δf |
|---|---|---|---|---|---|---|---|---|---|---|---|---|---|
| $Tx$ | 0.4496 | | | | | | 0.5504 | | | | −2.6268 | | |
| $Ty$ | | 0.4496 | | | | | | 0.5504 | | 2.6268 | | | |
| $Tz$ | | | 0.2022 | | | | | | 0.7978 | | | | −0.3029 |
| $Rx$ | | | | 0.4496 | | | | | | 0.5504 | | | |
| $Ry$ | | | | | 0.4496 | | | | | | 0.5504 | | |
| $Rz$ | | | | | | 1.0 | | | | | | 0.0 | |
| $\Delta M/M$ | | | 0.01285 | | | | | | −0.01285 | | | | 0.01573 |
| | $Tx$ | $Ty$ | $Tz$ | $Rx$ | $Ry$ | $Rz$ | $Tx$ | $Ty$ | $Tz$ | $Rx$ | $Ry$ | $Rz$ | $\Delta f$ |
| | 物体运动 | | | | | | 透镜运动 | | | | | | |

| | $\Delta t$ | $\Delta R_1$ | $\Delta R_2$ | $\Delta n$ |
|---|---|---|---|---|
| $\Delta f$ | −0.4558 | −0.2859 | 1.2437 | −11.78 |
| | 透镜设计变量 | | | |

表 3.7(c)　第三个透镜的元件阵列

图像运动

| | | | | | | | | | | | | |
|---|---|---|---|---|---|---|---|---|---|---|---|---|
| $Tx$ | 1.0501 | | | | | | | −0.0501 | | −1.5018 | | |
| $Ty$ | | 1.0501 | | | | | | −0.0501 | −1.5018 | | | |
| $Tz$ | | | 1.1027 | | | | | | −0.1027 | | | −0.00251 |
| $Rx$ | | | 1.0501 | | | | | | −0.0501 | | | |
| $Ry$ | | | | 1.0501 | | | | | −0.0501 | | | |
| $Rz$ | | | | | 1.0 | | | | | 0.0 | | |
| $\Delta M/M$ | −0.02491 | | | | | | | 0.02491 | | | 0.0119 | |

| $Tx$ | $Ty$ | $Tz$ | $Rx$ | $Ry$ | $Rz$ | | $Tx$ | $Ty$ | $Tz$ | $Rx$ | $Ry$ | $Rz$ | $\Delta f$ |
|---|---|---|---|---|---|---|---|---|---|---|---|---|---|
| | | 物体运动 | | | | | | | | 透镜运动 | | | |
| | | | | | $\Delta f$ | | 0.0601 | −0.0559 | 0.1160 | 14.605 | | | |
| | | | | | | | $\Delta t$ | | $\Delta R_1$ | $\Delta R_2$ | | $\Delta n$ | |
| | | | | | | | | | 透镜设计变量 | | | | |

表 3.7(d)　第四个透镜的元件阵列

图像运动

| | | | | | | | | | | | | |
|---|---|---|---|---|---|---|---|---|---|---|---|---|
| $Tx$ | −2.1813 | | | | | | | 3.1813 | | −1.1600 | | |
| $Ty$ | | −2.1813 | | | | | | 3.1813 | 1.1600 | | | |
| $Tz$ | | | 4.7581 | | | | | | −3.7581 | | | −10.1207 |
| $Rx$ | | | −2.1813 | | | | | | 3.1813 | | | |
| $Ry$ | | | | −2.1813 | | | | | 3.1813 | | | |
| $Rz$ | | | | | 1.0 | | | | | 0.0 | | |
| $\Delta M/M$ | −0.3282 | | | | | | | 0.3282 | | | 0.4786 | |

| $Tx$ | $Ty$ | $Tz$ | $Rx$ | $Ry$ | $Rz$ | | $Tx$ | $Ty$ | $Tz$ | $Rx$ | $Ry$ | $Rz$ | $\Delta f$ |
|---|---|---|---|---|---|---|---|---|---|---|---|---|---|
| | | 物体运动 | | | | | | | | 透镜运动 | | | |
| | | | | | $\Delta f$ | | −0.4112 | −1.1525 | 0.2461 | −2.2651 | | | |
| | | | | | | | $\Delta t$ | | $\Delta R_1$ | $\Delta R_2$ | | $\Delta n$ | |
| | | | | | | | | | 透镜设计变量 | | | | |

表 3.7(e)　探测器的单元阵列

| 图像运动 | | | | | | | | | | | | |
|---|---|---|---|---|---|---|---|---|---|---|---|---|
| $Tx$ | 1.0 | | | | | | -1.0 | | | | | |
| $Ty$ | | 1.0 | | | | | | -1.0 | | | | |
| $Tz$ | | | 1.0 | | | | | | -1.0 | | | |
| $Rx$ | | | | 1.0 | | | | | | -1.0 | | |
| $Ry$ | | | | | 1.0 | | | | | | -1.0 | |
| $Rz$ | | | | | | 1.0 | | | | | | -1.0 |
| $\Delta M/M$ | | | | | | | | | | | | -1.0 |
| | $Tx$ | $Ty$ | $Tz$ | $Rx$ | $Ry$ | $Rz$ | $Tx$ | $Ty$ | $Tz$ | $Rx$ | $Ry$ | $Rz$　$\Delta f$ |
| | 物体运动 | | | | | | 透镜运动 | | | | | |

### 3.2.5.4　光机约束方程

按照之前介绍的方法(3.2.1 节~3.2.3 节),对元件阵列进行卷积和叠加操作,就可以生成系统的光机约束方程,结果如表 3.8 所列。

下面给出利用这种方法计算透镜 1 系统影响系数的两个例子。

$$Tz_i/Tz_1 = 1.0 \times 0.2022 \times 1.1027 \times 4.7581 \times 1.0 = 1.0607$$

$$(\Delta M/M)/Tz_1 = 0.0 + 1.0 \times 0.01285 + 1.0 \times 0.2022 \times (-0.02491)$$
$$+ 1.0 \times 0.2022 \times 1.1027 \times (-0.3282)$$
$$= -0.06533$$

这些值就是表 3.8 中透镜 1 的阵列。采用类似的方式,可以计算光机约束方程中其他系数。

在多透镜光学系统中,如表 3.9 所列竖直排列这些方程,通常会更加便利。每个方程的 7 个配准变量放置在顶部,而独立的机械变量则列在每个光学元件的左侧。右边的两列则给出了每个透镜焦距对于 4 个设计变量的灵敏度。从这个表中,相对来说就会更加容易识别对每个配准变量最敏感的光学元件。

对于配准变量 $Tx$ 和 $Ty$,影响最大的是单元 4 的 $Tx_i/Tx_4$,它的值达到了 3.18。下一个影响最大的是单元 2,它的值为 -1.26。注意到,单元 2 和 3 在这些方程中有一些数值很大的影响系数,不过这些系数对应的是单元旋转。转动的单位是弧度,相对来说是一个很大的量,因而会使这些系数变大;这几个系数的单位为长度/弧度。对于 $Tz$(焦距)配准变量,影响最大的是单元 2,紧接下来的是单元 4,数值分别为 4.18 和 -3.76。如果设计关注的是视场角区域的焦距分辨率,那么,从配准变量 $Rx$ 和 $Ry$ 可以看到,单元 4 对于图像在探测器的倾斜具有很强的影响,它的系数为 3.18。后面的系数是无量纲的,因为它们的量纲是弧度/弧度。

表 3.8 红外接收仪光机约束方程

| 物体运动 | | | | | | | 透镜 1 运动 | | | | | | | 透镜 2 运动 | | | | | | | 透镜 3 运动 | | | | | | | 透镜 4 运动 | | | | | | | 探测器运动 | | | | | | | 配准变量 |
|---|---|---|---|---|---|---|---|---|---|---|---|---|---|---|---|---|---|---|---|---|---|---|---|---|---|---|---|---|---|---|---|---|---|---|---|---|---|---|---|---|---|---|
| Tx | Ty | Tz | Rx | Ry | Rz | Δf | Tx | Ty | Tz | Rx | Ry | Rz | Δf | Tx | Ty | Tz | Rx | Ry | Rz | Δf | Tx | Ty | Tz | Rx | Ry | Rz | Δf | Tx | Ty | Tz | Rx | Ry | Rz | Δf | Tx | Ty | Tz | Rx | Ry | Rz | Δf | |
| 0.0 | | | | | | | -1.0299 | | | | 1.5439 | | -1.2607 | | | | | 6.0618 | | -1.5893 | 0.1092 | | | | | 3.2758 | | 3.1813 | | | | | -1.1600 | | -1.0 | | | | | | | =Tx |
| | 0.0 | | | | | | -1.0299 | | | | -1.5439 | | -1.2607 | | | | | -6.0618 | 0.0 | 0.13287 | | 0.1092 | | | | -3.2758 | | | 3.1813 | | | | 1.1600 | | | -1.0 | | | | | | =Ty |
| | | 0.0 | | | | | 1.0607 | | | | -1.0299 | | -1.0607 | | | | | -1.2606 | | | | | 1.0607 | | | 0.1092 | | | | 3.1813 | | -3.7576 | | | | | -1.0 | | | | | =Tz |
| | | | 0.0 | | | | | -1.0299 | | | | 4.1860 | | -1.2606 | | | | | | | | | | 0.1092 | | 0.1092 | | | | 3.1813 | | | | | | | -1.0 | | | | =Rx |
| | | | | 0.0 | | | | | -1.0299 | | | | -1.0299 | | | | | | 0.0 | 0.3282 | | | | | 0.1092 | | | -10.121 | | | | | | | | | | -1.0 | | | =Ry |
| | | | | | 0.0 | | | | | -1.0299 | | | -1.0607 | | | | | | | | | | | | | 0.0 | 0.5860 | | | | | | 0.0 | 0.4786 | | | | | | -1.0 | | =Rz |
| | | | | | | 1.0 | | | | | | | -0.06533 | | | | | | | 0.08527 | | | | | | | 0.00201 | | -0.0119 | | | | | -0.3282 | | | | | | 0.0 | -1.0 | =ΔM/M |

表 3.9 红外接收仪光机约束方程(竖直排列)

| | Tx | Ty | Tz | Rx | Ry | Rz | DM/M | Df,p,G | LDesVar |
|---|---|---|---|---|---|---|---|---|---|
| **配准变量** | | | | | | | | | |
| Tx | 0.0 | 0.0 | 0.0 | 0.0 | 0.0 | 0.0 | 0.0 | 0.0 | Dt |
| Ty | 0.0 | 0.0 | 0.0 | 0.0 | 0.0 | 0.0 | 0.0 | 0.0 | DR1 |
| Tz | 0.0 | 0.0 | 0.0 | 0.0 | 0.0 | 0.0 | 0.0 | 0.0 | DR2 |
| Rx | 0.0 | 0.0 | 0.0 | 0.0 | 0.0 | 0.0 | 0.0 | 0.0 | Dn |
| Ry | 0.0 | 0.0 | 0.0 | 0.0 | 0.0 | 0.0 | 0.0 | 0.0 | |
| Rz | 0.0 | 0.0 | 0.0 | 0.0 | 0.0 | 1 | 0.0 | 0.0 | |
| Df,p,G | 0.0 | 0.0 | 0.0 | 0.0 | 0.0 | 0.0 | 0.0 | 0.0 | |
| **系统物体** | | | | | | | | | |
| Tx | -1.029893 | 0.0 | 0.0 | 0.0 | 0.0 | 0.0 | 0.0 | 6.277294E-2 | Dt |
| Ty | 0.0 | -1.029893 | 0.0 | 0.0 | 0.0 | 0.0 | 0.0 | -8.326065E-2 | DR1 |
| Tz | 0.0 | 0.0 | 1.060679 | 0.0 | 0.0 | 0.0 | -6.533874E-2 | 8.326065E-2 | DR2 |
| Rx | 0.0 | -1.543884 | 0.0 | -1.029893 | 0.0 | 0.0 | 0.0 | -16.66908 | Dn |
| Ry | 1.543884 | 0.0 | 0.0 | 0.0 | -1.029893 | 0.0 | 0.0 | 0.0 | |
| Rz | 0.0 | 0.0 | 0.0 | 0.0 | 0.0 | 0.0 | 0.0 | 0.0 | |
| Df,p,G | 0.0 | 0.0 | -1.060679 | 0.0 | 0.0 | 0.0 | 8.530602E-2 | 0.0 | |
| **元件1** | | | | | | | | | |
| Tx | -1.260663 | 0.0 | 0.0 | 0.0 | 0.0 | 0.0 | 0.0 | -.4557727 | Dt |
| Ty | 0.0 | -1.260663 | 0.0 | 0.0 | 0.0 | 0.0 | 0.0 | -.289488 | DR1 |

配准变量

| | $T_x$ | $T_y$ | $T_z$ | $R_x$ | $R_y$ | $R_z$ | $DM/M$ | $Df,p,G$ | LDesVar |
|---|---|---|---|---|---|---|---|---|---|
| $T_z$ | 0.0 | 0.0 | 4.185968 | 0.0 | 0.0 | 0.0 | -.321425 | 1.24372 | DR2 |
| $R_x$ | 0.0 | -6.016825 | 0.0 | -1.260663 | 0.0 | 0.0 | 0.0 | -11.78357 | $Dn$ |
| $R_y$ | 6.016825 | 0.0 | 0.0 | 0.0 | -1.260663 | 0.0 | 0.0 | 0.0 | |
| $R_z$ | 0.0 | 0.0 | 0.0 | 0.0 | 0.0 | 0.0 | 0.0 | 0.0 | |
| $Df,p,G$ | 0.0 | 0.0 | -1.589272 | 0.0 | 0.0 | 0.0 | .1328855 | 0.0 | |
| 元件2 | | | | | | | | | |
| $T_x$ | .1092447 | 0.0 | 0.0 | 0.0 | 0.0 | 0.0 | 0.0 | 6.007042E-2 | $Dt$ |
| $T_y$ | 0.0 | .1092447 | 0.0 | 0.0 | 0.0 | 0.0 | 0.0 | -5.592452E-2 | DR1 |
| $T_z$ | 0.0 | 0.0 | -.4885279 | 0.0 | 0.0 | 0.0 | 5.860023E-2 | .116018 | DR2 |
| $R_x$ | 0.0 | 0.0 | 0.0 | .1092447 | 0.0 | 0.0 | 0.0 | 14.05127 | $Dn$ |
| $R_y$ | -3.275782 | 0.0 | 0.0 | 0.0 | .1092447 | 0.0 | 0.0 | 0.0 | |
| $R_z$ | 0.0 | 0.0 | 0.0 | 0.0 | 0.0 | 0.0 | 0.0 | 0.0 | |
| $Df,p,G$ | 0.0 | 0.0 | -1.193441E-2 | 0.0 | 0.0 | 0.0 | 2.011003E-3 | 0.0 | |
| 元件3 | | | | | | | | | |
| $T_x$ | 3.181311 | 0.0 | 0.0 | 0.0 | 0.0 | 0.0 | 0.0 | -.411237 | $Dt$ |
| $T_y$ | 0.0 | 3.181311 | 0.0 | 0.0 | 0.0 | 0.0 | 0.0 | -1.152472 | DR1 |

配准变量

| | $T_x$ | $T_y$ | $T_z$ | $R_x$ | $R_y$ | $R_z$ | $DM/M$ | $Df,p,G$ | LDesVar |
|---|---|---|---|---|---|---|---|---|---|
| $T_z$ | 0.0 | 0.0 | -3.75812 | 0.0 | 0.0 | 0.0 | .3281635 | .2460598 | DR2 |
| $R_x$ | 0.0 | 1.160022 | 0.0 | 3.181311 | 0.0 | 0.0 | 0.0 | -2.265084 | D$n$ |
| $R_y$ | -1.160022 | 0.0 | 0.0 | 0.0 | 3.181311 | 0.0 | 0.0 | 0.0 | |
| $R_z$ | 0.0 | 0.0 | 0.0 | 0.0 | 0.0 | 0.0 | 0.0 | 0.0 | |
| $Df,p,G$ | 0.0 | 0.0 | -10.12074 | 0.0 | 0.0 | 0.0 | .4786067 | 0.0 | |
| 元件4 | | | | | | | | | |
| $T_x$ | -1 | 0.0 | 0.0 | 0.0 | 0.0 | 0.0 | 0.0 | 0.0 | D$t$ |
| $T_y$ | 0.0 | -1 | 0.0 | 0.0 | 0.0 | 0.0 | 0.0 | 0.0 | DR1 |
| $T_z$ | 0.0 | 0.0 | -1 | 0.0 | 0.0 | 0.0 | 0.0 | 0.0 | DR2 |
| $R_x$ | 0.0 | 0.0 | 0.0 | -1 | 0.0 | 0.0 | 0.0 | 0.0 | D$n$ |
| $R_y$ | 0.0 | 0.0 | 0.0 | 0.0 | -1 | 0.0 | 0.0 | 0.0 | |
| $R_z$ | 0.0 | 0.0 | 0.0 | 0.0 | 0.0 | -1 | 0.0 | 0.0 | |
| $Df,p,G$ | 0.0 | 0.0 | 0.0 | 0.0 | 0.0 | 0.0 | 0.0 | 0.0 | |
| 探测器 | | | | | | | | | |

诸如公差等机械变量,在增加或减少时,具有独立变化的趋势。从初始观察角度上说,感兴趣的则是它们的绝对值,也就是说-3 被认为比-2 的影响要大。在后面考察的时候,比如说结构变形,相反方向的系数可能会相互补偿,但是,很难使得这些系数随心所欲地、一致地出现这种情况。

由于具备了对系统的初步洞悉,机械工程师自然就会轻松接受在系统探测器上配准和稳定图像的挑战。

上述这个表格化的布局,也可以输入到电子表格软件中进行其他系统级的计算。图 3.12 所示为每个透镜 $Z$ 轴±0.01 误差对于焦距影响的评估。这不是

| | TX | TY | TZ | RX | RY | RZ | DM/M | Df,p,G | LDesVar | Z Axis Tolerance ± | Focus Error |
|---|---|---|---|---|---|---|---|---|---|---|---|
| Tx | 0 | 0 | 0 | 0 | 0 | 0 | 0 | 0 | Dt | ± | Error |
| Ty | 0 | 0 | 0 | 0 | 0 | 0 | 0 | 0 | DR1 | | |
| Tz | 0 | 0 | 0 | 0 | 0 | 0 | 0 | 0 | DR2 | | |
| Rx | 0 | 0 | 0 | 0 | 0 | 0 | 0 | 0 | Dn | | |
| Ry | 0 | 0 | 0 | 0 | 0 | 0 | 0 | 0 | | | |
| Rz | 0 | 0 | 0 | 0 | 0 | 1 | 0 | 0 | | | |
| Df,p,G | 0 | 0 | 0 | 0 | 0 | 0 | 0 | 0 | | | |
| SYSTEM-OBJECT | | | | | | | | | | | |
| Tx | -1.02989 | 0 | 0 | 0 | 0 | 0 | 0 | 6.28E-02 | Dt | | |
| Ty | 0 | -1.02989 | 0 | 0 | 0 | 0 | 0 | -8.33E-02 | DR1 | | |
| Tz | 0 | 0 | 1.060679 | 0 | 0 | 0 | -6.53E-02 | 8.33E-02 | DR2 | 0.01 | 0.010607 |
| Rx | 0 | -1.54388 | 0 | -1.02989 | 0 | 0 | 0 | -16.6691 | Dn | | |
| Ry | 1.543884 | 0 | 0 | 0 | -1.02989 | 0 | 0 | | | | |
| Rz | 0 | 0 | 0 | 0 | 0 | 0 | 0 | | | | |
| Df,p,G | 0 | 0 | -1.06068 | 0 | 0 | 0 | 8.53E-02 | | | | |
| ELEMENT-1 | | | | | | | | | | | |
| Tx | -1.26066 | 0 | 0 | 0 | 0 | 0 | 0 | -0.45577 | Dt | | |
| Ty | 0 | -1.26066 | 0 | 0 | 0 | 0 | 0 | -0.28949 | DR1 | | |
| Tz | 0 | 0 | 4.185968 | 0 | 0 | 0 | -0.32143 | 1.24372 | DR2 | 0.01 | 0.04186 |
| Rx | 0 | -6.01683 | 0 | -1.26066 | 0 | 0 | 0 | -11.7836 | Dn | | |
| Ry | 6.016825 | 0 | 0 | 0 | -1.26066 | 0 | 0 | | | | |
| Rz | 0 | 0 | 0 | 0 | 0 | 0 | 0 | | | | |
| Df,p,G | 0 | 0 | -1.58927 | 0 | 0 | 0 | 0.132886 | | | | |
| ELEMENT-2 | | | | | | | | | | | |
| Tx | 0.109245 | 0 | 0 | 0 | 0 | 0 | 0 | 6.01E-02 | Dt | | |
| Ty | 0 | 0.109245 | 0 | 0 | 0 | 0 | 0 | -5.59E-02 | DR1 | | |
| Tz | 0 | 0 | -0.48853 | 0 | 0 | 0 | 5.86E-02 | 0.116018 | DR2 | 0.01 | -0.00489 |
| Rx | 0 | -3.27578 | 0 | 0.109245 | 0 | 0 | 0 | 14.05127 | Dn | | |
| Ry | 3.275782 | 0 | 0 | 0 | 0.109245 | 0 | 0 | | | | |
| Rz | 0 | 0 | 0 | 0 | 0 | 0 | 0 | | | | |
| Df,p,G | 0 | 0 | -1.19E-02 | 0 | 0 | 0 | 2.01E-03 | | | | |
| ELEMENT-3 | | | | | | | | | | | |
| Tx | 3.181311 | 0 | 0 | 0 | 0 | 0 | 0 | -0.41124 | Dt | | |
| Ty | 0 | 3.181311 | 0 | 0 | 0 | 0 | 0 | -1.15247 | DR1 | | |
| Tz | 0 | 0 | -3.75812 | 0 | 0 | 0 | 0.328164 | 0.24606 | DR2 | 0.01 | -0.03758 |
| Rx | 0 | 1.160022 | 0 | 3.181311 | 0 | 0 | 0 | -2.26508 | Dn | | |
| Ry | -1.16002 | 0 | 0 | 0 | 3.181311 | 0 | 0 | | | | |
| Rz | 0 | 0 | 0 | 0 | 0 | 0 | 0 | | | | |
| Df,p,G | 0 | 0 | -10.1207 | 0 | 0 | 0 | 0.478607 | | | | |
| ELEMENT-4 | | | | | | | | | | | |
| Tx | -1 | 0 | 0 | 0 | 0 | 0 | 0 | 0 | Dt | | |
| Ty | 0 | -1 | 0 | 0 | 0 | 0 | 0 | 0 | DR1 | | |
| Tz | 0 | 0 | -1 | 0 | 0 | 0 | 0 | 0 | DR2 | 0.01 | -0.01 |
| Rx | 0 | 0 | 0 | -1 | 0 | 0 | 0 | 0 | Dn | | |
| Ry | 0 | 0 | 0 | 0 | -1 | 0 | 0 | 0 | | | Worst |
| Rz | 0 | 0 | 0 | 0 | 0 | -1 | 0 | 0 | | 0.104933 | Case |
| Df,p,G | 0 | 0 | 0 | 0 | 0 | 0 | 0 | 0 | | | Focus |
| DETECTOR | | | | | | | | | | | Error |

图 3.12　电子表格方法评估的焦距误差

一个空间误差,不能从空间到空间的逐步累积。每个元件对焦距误差的贡献,是通过把 $Z$ 轴误差和对应的影响系数相乘得到。这些误差贡献然后在一个绝对参考基底上累加起来,从而就可以在图像的最右下方得到一个"最差情况的焦距"。这里最差焦距误差为 0.1049 英寸,大约是均匀分配在透镜 2 和透镜 4 之间误差的 80%。如果这个最差焦距误差不能接受的话,那么装配透镜 2 和透镜 4 的时候,采用更严苛的公差,就会得到最小可能的系统误差。另一方面,如果存在一些合理的磨损和/或实时矫正的话,那么或许采用均方根值评价才能够接受。

# 第4章 其他光学元件

按照前面章节中介绍的方法,其他各种光学元件同样也可以合并到光机约束方程中。本章介绍如何建立平面折转镜、反射镜、窗口玻璃、衍射光栅以及棱镜的光机约束方程。

## 4.1 平面折转反射镜

平面折转镜,如图 4.1 所示,具有 3 个坐标系:分别对应于物体、反射镜以及图像。由于平面折转镜改变了光轴的方向,这些坐标系可能不是平行的也不是重合的。平面折转镜的放大率为 1.0。

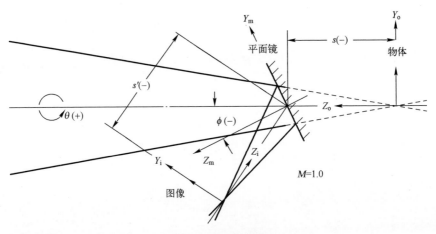

图 4.1　平面折转镜

沿着光线从左至右,物坐标系的原点位于物体和入射光线光轴(或者如图所示它的投影)交点。可以看到,在这个例子中物体在反射镜的后面。物体坐标系的 $Z$ 轴正向和入射光线方向相反,它的 $Y$ 轴向上,$X$ 轴和 $Y$ 及 $Z$ 轴构成了这个平面镜物体的一个右手坐标系。

平面镜坐标系的原点位于平面镜表面和光轴相交的位置,$Y$ 轴和反射镜入射光线的一侧表面的法线方向一致,$Y$ 轴向上(和物体的 $Y$ 轴一样在入射光线同

66

一侧）。$Y$ 轴则和 $X$ 轴及 $Z$ 轴构成了平面镜的一个右手坐标系。

图像坐标系的原点位于图像和反射光轴相交的位置，$Z$ 轴正向和成像光线方向相反（对着平面镜），$Y$ 轴则是物体 $Y$ 轴的像。$X$ 轴和 $Y$、$Z$ 构成了一个右手坐标系。注意到，图像的 $X$ 轴正向由物体的 $X$ 轴反转到反射镜 $YZ$ 平面的另外一侧。

如果把物体的 $Z$ 轴绕着反射镜的 $Y$ 轴旋转到反射镜 $Z$ 的位置，那么入射角 $\phi$ 就是正的。反射角 $\phi'$ 和入射角 $\phi$ 相等，只不过方向相反：

$$\phi' = -\phi$$

旋转角度 $\theta$，可以使光轴在面外折转。如果物体绕着自身的 $Z$ 轴向着 $X$ 轴的方向转动到其 $Y$ 轴，那么这个角度就是正的（右手规则）。

平面折转镜的影响系数，可以根据几何光学的反射定律通过简单几何推导得到，把它们汇总为两列，分别对应物体运动和反射镜运动，如表 4.1 所列。可以看到，平面镜在 $XY$ 平面平动时，对图像没有影响。同时，如果反射镜绕 $Y$ 轴还有转动的话，那么图像就会沿着 $Y$ 轴和 $Z$ 轴都会有一个转动。对于平面折转镜没有偏差分数。

表 4.1　平面折转镜的影响系数

| 图像运动 | | | | | | | | | | | | |
|---|---|---|---|---|---|---|---|---|---|---|---|---|
| $Tx_i$ | $-\cos\theta$ | $\sin\theta$ | | | | | | | | | $2s'\cos\phi$ | |
| $Ty_i$ | $\sin\theta$ | $\cos\theta$ | | | | | | | $-2\sin\phi$ | $2s'$ | | |
| $Tz_i$ | | | $1.0$ | | | | | | $-2\cos\phi$ | | | |
| $Rx_i$ | | | | $\cos\theta$ | $-\sin\theta$ | | | | | $-2.0$ | | |
| $Ry_i$ | | | | $-\sin\theta$ | $-\cos\theta$ | | | | | | $2\cos\phi$ | |
| $Rz_i$ | | | | | | $-1.0$ | | | | | $-2\sin\phi$ | |
| $\Delta M/M$ | | | $0.0$ | | | | | | | | | |
| | $Tx_o$ | $Ty_o$ | $Tz_o$ | $Rx_o$ | $Ry_o$ | $Rz_o$ | $Tx_m$ | $Ty_m$ | $Tz_m$ | $Rx_m$ | $Ry_m$ | $Rz_m$ |
| | 物体运动 | | | | | | 反射镜运动 | | | | | |

## 4.2　反射镜

如图 4.2 所示，反射镜具有 3 个坐标系，分别对应于物体、反射镜以及图像。沿着光线从左至右，物体坐标系的原点位于物体和光轴相交的位置，$Z$ 轴正向和物体出射光线的方向相反，$Y$ 朝上，而 $X$ 轴则和 $Y$ 及 $Z$ 轴构成了反射镜物体的一个右手坐标系。

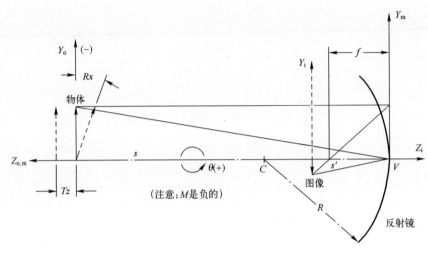

图 4.2    反射镜

反射镜坐标系的原点位于反射面和光轴相交的位置，$Z$ 轴正向为光线入射一侧表面的法向，$Y$ 轴朝上（和物体的 $Y$ 轴在入射光线同一侧），$X$ 轴则和 $YZ$ 构成了反射镜的一个右手坐标系。

图像坐标系的原点位于反射光轴和图像相交的位置，$Z$ 轴正向和成像光线方向相反（朝着反射镜），$Y$ 轴向上，$X$ 轴和 $Y$、$Z$ 轴构成了反射镜图像的一个右手坐标系。注意到为了构成右手坐标系，图像的 $X$ 轴已经从物体 $X$ 轴方向反转到了 $YZ$ 平面的另一侧。

反射镜的影响系数可以根据透镜的系数推导，如表 4.2 所列，不过存在 3 个区别：首先是图像坐标系方向的变化；其次是用两倍的像距 $2s'$ 代替透镜的主点厚度 $p$（在非对角位置处），因而反射镜绕 $X$ 和 $Y$ 方向的转动可以使图像在 $Y$ 和 $Z$ 方向平动；第三就是焦距只对一个变量敏感，也就是反射镜的曲率半径 $R$。

对于反射镜来说，唯一的高斯变量就是焦距，是曲率半径的唯一函数，即 $f = 0.5R$。因此，只有一个影响系数影响焦距。如果物体绕着自身的 $Z$ 轴向着 $X$ 轴的方向转动到其 $Y$ 轴，那么物体的转角 $\theta$ 就是正的。（右手坐标系）

反射镜的偏差分数和折射透镜的偏差分数是相同的，如表 4.3 所列。偏差分数阵列可以允许工程师评估光学图像位置、方向以及放大率的非线性的程度，并根据需要采取适当措施。

68

表 4.2　曲面反射镜影响系数

| 图像运动 | 物体运动 | | | | | | 反射镜运动 | | | | | | 反射镜设计变量 | |
|---|---|---|---|---|---|---|---|---|---|---|---|---|---|---|
| | $Tx_o$ | $Ty_o$ | $Tz_o$ | $Rx_o$ | $Ry_o$ | $Rz_o$ | $Tx_m$ | $Ty_m$ | $Tz_m$ | $Rx_m$ | $Ry_m$ | $Rz_m$ | $\Delta R$ | $\Delta f$ |
| $Tx_i$ | $-M\cos\theta$ | $M\sin\theta$ | | | | | $-(1-M)$ | | | | $2s'$ | | | |
| $Ty_i$ | $M\sin\theta$ | $M\cos\theta$ | | | | | | $1-M$ | | $2s'$ | | | | |
| $Tz_i$ | | | $M^2$ | | | | | | $-(1+M)^2$ | | | | | $-(1-M)^2$ |
| $Rx_i$ | | | | $M\cos\theta$ | $-M\sin\theta$ | | | | | $-(1+M)$ | | | | |
| $Ry_i$ | | | | $-M\sin\theta$ | $-M\cos\theta$ | | | | | | $1+M$ | | | |
| $Rz_i$ | | | | | | $-1.0$ | | | | | | | | |
| $\Delta M/M$ | | | $M/f$ | | | | | | $-M/f$ | | | | $0.5$ | $(1-M)/f$ |

表 4.3 反射镜的偏差分数

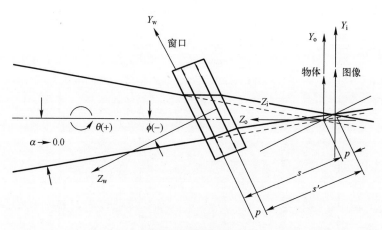

| 图像运动 | $Tx_o$ | $Ty_o$ | $Tz_o$ | $Rx_o$ | $Ry_o$ | $Rz_o$ | $Tx_1$ | $Ty_1$ | $Tz_1$ | $Rx_1$ | $Ry_1$ | $Rz_1$ | $\Delta f_1$ |
|---|---|---|---|---|---|---|---|---|---|---|---|---|---|
| $Tx_i$ | | | | | | | | | | | | | |
| $Ty_i$ | | | | | | | | | | | | | |
| $Tz_i$ | | | $-MTz_o/f$ | | | | | | $\dfrac{M^3 Tz_1}{f+MTz_1-fM^2}$ | | | | $M\Delta f/f$ |
| $Rx_i$ | | | | | | | | | | | | | |
| $Ry_i$ | | | | | | | | | | | | | |
| $Rz_i$ | | | | | | | | | | | | | |
| $\Delta M/M$ | | | $MTz_o/f$ | | | | | | $-MTz_1/f$ | | | | $M\Delta f/f$ |
| | 物体运动 | | | | | | 透镜运动 | | | | | | |

## 4.3 光学窗口

光学窗口如图 4.3 所示,具有 3 个坐标系,分别对应于窗口及其物体和图像。沿着光线从左至右的方向,首先是物体坐标系,它的原点位于物体和光轴相交的位置,$Z$ 轴正向和光线入射方向相反,$Y$ 轴向上,$X$ 轴和 $Y$、$Z$ 轴构成了一个右手坐标系。

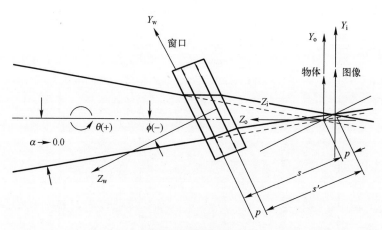

图 4.3 窗口玻璃

窗口坐标系的原点位于其第一主点。$Z$ 轴正向为第一表面在顶点处的法向,位于窗口入射光线一侧,$Y$ 轴向上,$X$ 轴和 $Y$、$Z$ 轴构成了一个右手坐标系。光学窗口的放大率为 $1.0$。

理论上,一个窗口的主点位置是不确定的。在光机约束方程中,假设它们位于窗口厚度的中心位置。窗口的主点厚度为入射角 $\phi$ 的函数,则

$$p = t\left\{1 - \frac{\tan\arcsin\left[\left(\sin\phi\right)/n\right]}{\tan\phi}\right\}$$

随着入射角接近于零,有

$$p \to t\left(1 - \frac{1}{n}\right)$$

图像坐标系的原点位于图像和光轴相交的位置,$Z$ 轴正向和成像光线方向相反,$Y$ 轴正向向上。$X$ 轴则和 $Y$、$Z$ 轴构成了一个右手坐标系。

如果相对于窗口向着窗口 $Y$ 轴方向转动物体的 $Z$ 轴到窗口的 $Z$ 轴,那么入射角就是正的。如果把物体绕其 $Z$ 轴从物体 $X$ 轴方向转动到其 $Y$ 轴方向,那么转动角 $s$ 就是正的。光学窗口的影响系数如表 4.4 所列。光学窗口唯一的高斯属性就是其主点厚度,它对窗口厚度、入射角以及折射率比较敏感。

表 4.4　窗口玻璃影响系数

| 图像运动 | | | | | | | | | | | | | |
|---|---|---|---|---|---|---|---|---|---|---|---|---|---|
| $Tx_i$ | $\cos\theta$ | $-\sin\theta$ | | | | | | | | | | | |
| $Ty_i$ | $\sin\theta$ | $\cos\theta$ | | | | | | | $-p$ | | | | |
| $Tz_i$ | | | $1.0$ | | | | | $p\cos\phi$ | | $-\sin\phi$ | | | |
| $Rx_i$ | | | | $\cos\theta$ | $-\sin\theta$ | | | $p\sin\phi$ | | $-\cos\phi$ | | | |
| $Ry_i$ | | | | $\sin\theta$ | $\cos\theta$ | | | | | | | | |
| $Rz_i$ | | | | | | $1.0$ | | | | | | | |

| $\Delta M/M$ | | | | | | | | | | | | | |
|---|---|---|---|---|---|---|---|---|---|---|---|---|---|
| | $Tx_o$ | $Ty_o$ | $Tz_o$ | $Rx_o$ | $Ry_o$ | $Rz_o$ | $Tx_w$ | $Ty_w$ | $Tz_w$ | $Rx_w$ | $Ry_w$ | $Rz_w$ | $\Delta p$ |
| | 物体运动 | | | | | | 窗口运动 | | | | | | |
| $\Delta p$ | $1 - \dfrac{\left\{\tan\arcsin\left[\left(\sin\phi\right)/n\right]\right\}}{\tan\phi}$ | | | $\dfrac{t\left[1 - \left(n^2\cos^2\phi\right)/\left(n^2 - \sin^2\phi\right)\right]}{\left(n^2 - \sin^2\phi\right)^{1/2}\sin\phi}$ | | | | $\dfrac{tn\cos\phi}{\left(n^2 - \sin^2\phi\right)^{3/2}}$ | | | | | |
| | $\Delta t$ | | | $\Delta\phi$ | | | | $\Delta n$ | | | | | |
| | 窗口设计变量 | | | | | | | | | | | | |

## 4.4 衍射光栅

如果在4.1节讨论的平面镜表面刻画出一系列相互间距为 $d$ 的狭窄的平行槽,那么入射光线就会被这些刻线打断,并且反射光线将会显示出一系列谱的形式,这是由刻槽的衍射效应产生的。光谱的衍射角 $\phi'$ 由衍射公式决定,即

$$\sin\phi' = -\sin\phi + m\lambda/d$$

式中:$m$ 为所需的光谱阶数;$\lambda$ 为这个感兴趣光谱的波长;$\phi$ 为入射角;$\phi'$ 为衍射角,如图4.4所示。波长和刻线间距总是正的,阶数可以是正的,也可以是负的。衍射常数 $g$ 为

$$g = m\lambda/d$$

如果衍射常数为零,则零级衍射就指向平面镜的反射角。如果衍射常数是个有限数,理想波长在理想级下的衍射角可以大于,也可以小于平面镜的反射角,具体取决于所需光谱级数的方向(也就是±号)。

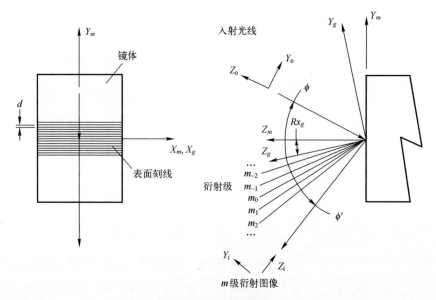

图4.4　衍射光栅

衍射光栅的特性和它刻画的平面镜的特性类似。我们需要为衍射光栅定义一个新的坐标系,它的 $X$ 轴和基体平面镜的相同,但是 $Z$ 轴指向入射角 $\phi$ 和衍射角 $\phi'$ 的平分线上,即

$$Rx_g = (\phi' + \phi)/2$$

如果在新的坐标系中定义衍射光栅的位移和转动,那么,就可以用平面反射镜的影响系数(4.1节)来确定衍射级和理想波长,也就是衍射常数对图像的影响。通常来说,对于平面反射镜,坐标系的 $XY$ 平面应在反射镜的表面上。而对于衍射光栅,它的 $XY$ 平面需要关于其 $X$ 轴转动 $Rx_g$ 角度,这样,衍射光栅的 $Z$ 轴才会平分入射角和衍射角。在平面镜基体和衍射光栅的 $YZ$ 平面之间,需要一个二维坐标转换。

## 4.5 棱镜

如图4.5所示,棱镜使用3个坐标系,分别对应物体、图像以及反射面。棱镜的几何由3个表面定义:入射面、反射面和出射面。这些面都是平面,并且假设入射面和出射面都和局部光轴正交。

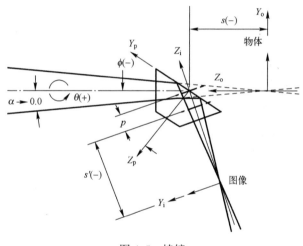

图 4.5 棱镜

沿着光线从左至右,首先是物体坐标系,它的原点位于物体和入射光轴相交的位置,其 $Z$ 轴正向和光线入射方向相反,$Y$ 轴向上。

第二个是棱镜坐标系,其原点位于入射光轴和反射面相交的位置,$Z$ 轴正向为光线入射一侧反射面的法线方向,$Y$ 轴向上(和物体的 $Y$ 轴位于入射光线的同一侧)。$X$ 轴则和 $Y$、$Z$ 轴构成了一个右手坐标系。

图像坐标系的原点位于图像和反射光轴相交的位置,$Z$ 轴正向和成像光线的方向相反(指向反射面),$Y$ 轴则为物体 $Y$ 轴的像;$X$ 轴和 $Y$、$Z$ 轴构成了一个右手坐标系。可以看到,图像的 $X$ 轴已经从物体 $X$ 轴反转到 $YZ$ 平面的另一侧。

棱镜的物理光学指标包括:①第一表面到反射面上入射点之间的距离;②反

射面的入射角;③反射面和出射面之间的距离;④玻璃的折射率。如果物体的$Z$轴相对反射面从$Y$轴转动到表面的$Z$轴方向(右手规则),那么在反射面上的入射角就是正的。

转动角$\theta$可使得光轴在面外发生折转。如果物体绕着自己的$Z$轴朝物体的$X$轴方向转动到物体的$Y$轴方向(右手),那么这个角度就是正的。

和平面镜不同,棱镜的主点厚度$p$是有限的。由于假设光轴与入射和出射表面正交,因此有

$$p=t(1+1/n)$$

式中:$t$为玻璃从入射面到出射面沿着光轴的总厚度。

由于所有的表面都是平的,主点厚度的位置是不确定的。为了方便起见,假设$P_1$位于反射面上,$H_1$等于从第一表面到反射面的距离,而$H_2$等于从出射表面到$P_2$的距离。注意到$H_2$可以是正的,也可以是负的,具体取决于主点厚度的相对大小。

厚度$t$或者折射率$n$的变化,都会对主点厚度产生影响,因此会影响到图像$Z$点位置。在上述方程中,对于参数$p$关于设计变量$t$和$n$求一阶偏导,就可以推导出透镜设计变量的影响系数。

表4.5所列为棱镜的影响系数,和平面镜的类似,也有两个特殊的项,用来考虑当棱镜绕着自己的$Y$或者$Z$轴转动时对主点厚度产生的影响。

表 4.5　棱镜影响系数

图像运动

| $Tx_i$ | $-\cos\theta$ | $\sin\theta$ | | | | | | | | | $(2s'-p)\cos\phi$ | $p\sin\phi$ |
| $Ty_i$ | $\sin\theta$ | $\cos\theta$ | | | | | | $-2\sin\phi$ | $2s$ | | $-p$ | |
| $Tz_i$ | | | $1.0$ | | | | | $-2\cos\phi$ | | | | $-1.0$ |
| $Rx_i$ | | | | $\cos\theta$ | $-\sin\theta$ | | | $-2.0$ | | | | |
| $Ry_i$ | | | | $-\sin\theta$ | $-\cos\theta$ | | | $2\cos\phi$ | | | | |
| $Rz_i$ | | | | | $-1.0$ | | | $-2\sin\phi$ | | | | |

$\Delta M/M$

| $Tx_o$ | $Ty_o$ | $Tz_o$ | $Rx_o$ | $Ry_o$ | $Rz_o$ | $Tx_p$ | $Ty_p$ | $Tz_p$ | $Rx_p$ | $Ry_p$ | $Rz_p$ | $\Delta p_p$ |
|---|---|---|---|---|---|---|---|---|---|---|---|---|
| 物体运动 | | | | | | 棱镜运动 | | | | | | |
| | | $\Delta p$ | | | | $1-1/n$ | | | | | $t/n^2$ | |
| | | | | | | $\Delta t$ | | | | | $\Delta n$ | |
| | | | | | | 棱镜设计变量 | | | | | | |

74

# 第 5 章  计 算 方 法

在本章中,我们将使用 3 种不同的方法对一个简单的二透镜望远镜系统建立它的光机约束方程,并对比各种方法的优劣。望远镜如图 5.1 所示,物理光学指标在表 5.1 中给出,指标的量纲为英寸。

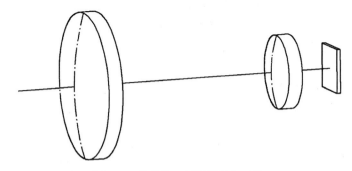

图 5.1    简单的二透镜望远镜系统

表 5.1    二透镜望远镜系统的物理光学指标

| 表面 | 元件 | 半径/mm | 折射率 | 厚度/mm |
|---|---|---|---|---|
| 1 | Obj. | Inf. | 1.000 | Inf. |
| 2 | 1 | 3.5 | 4.00024 | 0.25 |
| 3 | 1 | 5.0 | 1.0 | 2.67 |
| 4 | 2 | 1.5 | 4.00024 | 0.2 |
| 5 | 2 | 1.0 | 1.0 | 0.674 |
| 6 | Det. | Inf. | 1.0 | 0.0 |

## 5.1   手写方法

第一种建立光机约束方程的方法就是采用简单的手写方法,也就是用铅笔在纸上写的方法。

首先,把指标从光学设计师的如表 5.1 所列的符号约定转换为 1.11 节介绍的光机工程师使用的符号约定,如表 5.2 所列。

表 5.2　采用光机符号约定的物理光学指标

| 表面 | 元件 | 半径/mm | 折射率 | 厚度/mm |
|------|------|---------|--------|---------|
| 1 | Obj. | Inf. | 1.000 | Inf. |
| 2 | 1 | -3.5 | 4.00024 | 0.25 |
| 3 | 1 | -5.0 | 1.0 | 2.67 |
| 4 | 2 | -1.5 | 4.00024 | 0.2 |
| 5 | 2 | -1.0 | 1.0 | 0.674 |
| 6 | Det. | Inf. | 1.0 | 0.0 |

然后,根据 3.2.5.1 节介绍的方法,由表 5.2 的光机指标数据推导出高斯指标数据。高斯指标数据如表 5.3 所列。现在,根据 3.2.4 节介绍的方法计算系统的有效焦距,即

$$f_{1-2} = 4.74$$

可以看到有效焦距和光学设计软件计算的结果 4.7412 一致性很好。接下来,根据 3.2.5.2 节,可以计算出每个光学元件的物像位置以及放大率,如表 5.4 所列。

表 5.3　望远镜元件的高斯特性

| 元件 | $f$ | $H_1$ | $H_2$ | $p$ | pair | 类型 |
|------|-----|-------|-------|-----|------|------|
| Obj. | Inf. | 0.0 | 0.0 | 0.0 | Inf. | Obj. |
| 1 | 3.456 | 0.129 | 0.185 | 0.194 | 3.085 | Lens |
| 2 | -1.459 | -0.229 | -0.153 | 0.133 | 0.510 | Lens |
| Det. | Inf. | 0.0 | 0.0 | 0.0 | 0.0 | Det. |

表 5.4　望远镜的物像位置及放大率

| 元件 | $f$ | $s$ | $s'$ | $M$ | 类型 | $e/Tz_0$ |
|------|-----|-----|------|-----|------|----------|
| Obj. | Inf. | 0.0 | 0.0 | 1.0 | Obj. | 0.0 |
| 1 | 3.456 | Inf. | -3.456 | 0.0 | Lens | 0.0 |
| 2 | -1.459 | -0.371 | -0.498 | 1.34 | Lens | -0.918 |
| Det. | Inf. | $1.2 \times 10^{-2}$ | $1.2 \times 10^{-2}$ | 1.0 | Det. | 0.0 |

注意到,表 5.4 最后一列列出了名义的偏差分数。对于透镜 1 来说,由于放大率为零(物体位于无限远处),因此名义的偏差分数为零。对于透镜 2 来说,名义的偏差分数是一个有限的负数。接下来,就可以根据 3.2.5.3 节介绍的方法确定单元阵列的影响函数(表 5.5)。

76

### 表 5.5(a)　第一个透镜的单元阵列

| 图像运动 | Tx | Ty | Tz | Rx | Ry | Rz | Tx | Ty | Tz | Rx | Ry | Rz | $\Delta f$ |
|---|---|---|---|---|---|---|---|---|---|---|---|---|---|
| $Tx_i$ | | | | | | | 1.0 | | | | $-0.19$ | | |
| $Ty_i$ | | | | | | | | 1.0 | | 0.19 | | | |
| $Tz_i$ | | | | | | | | | 1.0 | | | | $-1.0$ |
| $Rx_i$ | | | | | | | | | | 1.0 | | | |
| $Ry_i$ | | | | | | | | | | | 1.0 | | |
| $Rz_i$ | | | | | | 1.0 | | | | | | 1.0 | |
| $\Delta M/M$ | | | | | | | | | | | | | 0.29 |
| | Tx | Ty | Tz | Rx | Ry | Rz | Tx | Ty | Tz | Rx | Ry | Rz | $\Delta f$ |
| | 物体运动 | | | | | | 单元1运动 | | | | | | |

| | $\Delta t$ | $\Delta R_1$ | $\Delta R_2$ | $\Delta n$ |
|---|---|---|---|---|
| $\Delta f_1$ | $-1.54$ | $-3.04$ | 1.36 | $-1.18$ |
| | 透镜设计变量 | | | |

### 表 5.5(b)　第二个透镜的单元阵列

| 图像运动 | Tx | Ty | Tz | Rx | Ry | Rz | Tx | Ty | Tz | Rx | Ry | Rz | $\Delta f$ |
|---|---|---|---|---|---|---|---|---|---|---|---|---|---|
| $Tx_i$ | 1.37 | | | | | | $-0.37$ | | | | $-0.13$ | | |
| $Ty_i$ | | 1.37 | | | | | | $-0.37$ | | 0.13 | | | |
| $Tz_i$ | | | 1.88 | | | | | | 1.0 | | | | $-1.4$ |
| $Rx_i$ | | | | 1.37 | | | | | | $-0.37$ | | | |
| $Ry_i$ | | | | | 1.37 | | | | | | $-0.37$ | | |
| $Rz_i$ | | | | | | 1.0 | | | | | | | |
| $\Delta M/M$ | | $-0.96$ | | | | | | | 0.96 | | | | 0.26 |
| | Tx | Ty | Tz | Rx | Ry | Rz | Tx | Ty | Tz | Rx | Ry | Rz | $\Delta f$ |
| | 物体运动 | | | | | | 单元2运动 | | | | | | |

| | $\Delta t$ | $\Delta R_1$ | $\Delta R_2$ | $\Delta n$ |
|---|---|---|---|---|
| $\Delta f_1$ | $-3.06$ | $-3.13$ | 5.51 | 0.42 |
| | 透镜设计变量 | | | |

### 表 5.5(c)　探测器的单元阵列

| 图像运动 | Tx | Ty | Tz | Rx | Ry | Rz | Tx | Ty | Tz | Rx | Ry | Rz |
|---|---|---|---|---|---|---|---|---|---|---|---|---|
| $Tx_i$ | 1.0 | | | | | | $-1.0$ | | | | | |
| $Ty_i$ | | 1.0 | | | | | | $-1.0$ | | | | |
| $Tz_i$ | | | 1.0 | | | | | | $-1.0$ | | | |
| $Rx_i$ | | | | 1.0 | | | | | | $-1.0$ | | |
| $Ry_i$ | | | | | 1.0 | | | | | | $-1.0$ | |
| $Rz_i$ | | | | | | 1.0 | | | | | | $-1.0$ |
| $\Delta M/M$ | | | | | | | | | | | | |
| | Tx | Ty | Tz | Rx | Ry | Rz | Tx | Ty | Tz | Rx | Ry | Rz |
| | 物体运动 | | | | | | 探测器运动 | | | | | |

　　根据这3个单元阵列和3.2.5.4节给出的方法,就可以组装光机约束方程,如表5.6所列。

表 5.6 望远镜的光机约束方程

| 图像运动 | 物体运动 | | | | | | 单元1运动 | | | | | | | 单元2运动 | | | | | | | 探测器运动 | | | | | |
|---|---|---|---|---|---|---|---|---|---|---|---|---|---|---|---|---|---|---|---|---|---|---|---|---|---|---|
| | Tx | Ty | Tz | Rx | Ry | Rz | Tx | Ty | Tz | Rx | Ry | Rz | Δf | Tx | Ty | Tz | Rx | Ry | Rz | Δf | Tx | Ty | Tz | Rx | Ry | Rz |
| $Tx_i$ | | | | | | | 1.37 | | | | −0.27 | | | −0.37 | | | | −0.13 | | | −1.0 | | | | | |
| $Ty_i$ | | | | | | | | 1.37 | | 0.27 | | | | | −0.37 | | 0.13 | | | | | −1.0 | | | | |
| $Tz_i$ | | | | | | | | | 1.88 | | | | −1.88 | | | −0.88 | | | | −0.014 | | | −1.0 | | | |
| $Rx_i$ | | | | | | | | | | 1.37 | | | | | | | −0.37 | | | | | | | −1.0 | | |
| $Ry_i$ | | | | | | | | | | | 1.37 | | | | | | | −0.37 | | | | | | | −1.0 | |
| $Rz_i$ | | | | | | 1.0 | | | | | | | | | | | | | | | | | | | | −1.0 |
| $\Delta M/M$ | | | | | | | | | | | | | 1.25 | | | 0.96 | | | | 0.26 | | | | | | |

78

对于较小的光学系统来说,手写方法是特别有用的,它可以为工程师提供系统图像关于光学元件稳定性灵敏度的早期评估。在这个例子中,可以看到,第一个透镜的影响最大,接下来是探测器,第二个透镜的影响最小。系统的物体位于无限远处,除了绕着 Z 轴的转动外,对于图像没有影响。只有第二个透镜在影响函数中包含了非线性项。这些洞察通常对于评估望远镜的早期设计方案是非常有帮助的。

## 5.2 电子表格方法

采用基于计算机电子表格软件的方法,诸如微软的 Excel 等,在建立电子表格的时候只需少量工作,就可以为组装光机约束方程提供一个更为灵活的系统。首先,需要把物理光学指标数据录入到电子表格,如图 5.2 所示。这些数据和上述用手工计算的数据是相同的。

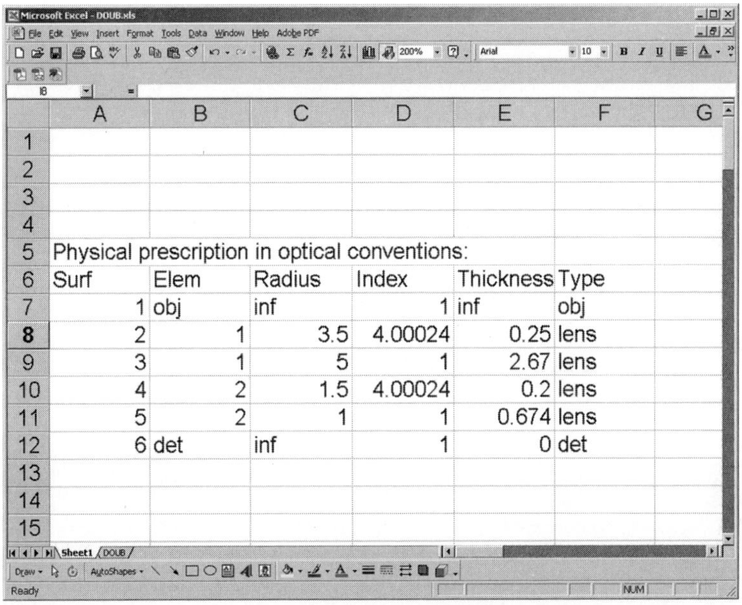

Physical prescription in optical conventions:

| Surf | Elem | Radius | Index | Thickness | Type |
|---|---|---|---|---|---|
| 1 | obj | inf | 1 | inf | obj |
| 2 | 1 | 3.5 | 4.00024 | 0.25 | lens |
| 3 | 1 | 5 | 1 | 2.67 | lens |
| 4 | 2 | 1.5 | 4.00024 | 0.2 | lens |
| 5 | 2 | 1 | 1 | 0.674 | lens |
| 6 | det | inf | 1 | 0 | det |

图 5.2　二透镜望远镜系统的高斯指标

然后把指标数据转换到光机符号约定下,如图 5.3 所示。加亮显示的单元格,说明了第二个透镜第一个半径符号发生了变化。

根据这些光机指标数据,就可以计算出高斯属性数据,以及物距、像距和放大率,如图 5.4 所示。加亮显示的单元格,说明了第一个透镜第二个主点 $H_2$ 位置的计算情况。1-2 双合透镜的高斯属性,在单个透镜高斯指标下面给出,其中

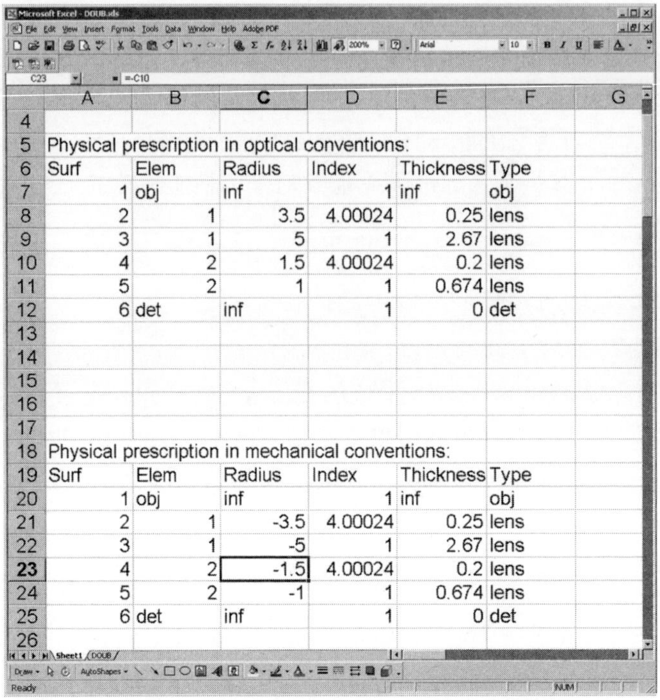

C23 =-C10

| | A | B | C | D | E | F | G |
|---|---|---|---|---|---|---|---|
| 4 | | | | | | | |
| 5 | Physical prescription in optical conventions: | | | | | | |
| 6 | Surf | Elem | Radius | Index | Thickness | Type | |
| 7 | 1 | obj | inf | 1 | inf | obj | |
| 8 | 2 | 1 | 3.5 | 4.00024 | 0.25 | lens | |
| 9 | 3 | 1 | 5 | 1 | 2.67 | lens | |
| 10 | 4 | 2 | 1.5 | 4.00024 | 0.2 | lens | |
| 11 | 5 | 2 | 1 | 1 | 0.674 | lens | |
| 12 | 6 | det | inf | 1 | 0 | det | |
| 13 | | | | | | | |
| 14 | | | | | | | |
| 15 | | | | | | | |
| 16 | | | | | | | |
| 17 | | | | | | | |
| 18 | Physical prescription in mechanical conventions: | | | | | | |
| 19 | Surf | Elem | Radius | Index | Thickness | Type | |
| 20 | 1 | obj | inf | 1 | inf | obj | |
| 21 | 2 | 1 | -3.5 | 4.00024 | 0.25 | lens | |
| 22 | 3 | 1 | -5 | 1 | 2.67 | lens | |
| 23 | 4 | 2 | -1.5 | 4.00024 | 0.2 | lens | |
| 24 | 5 | 2 | -1 | 1 | 0.674 | lens | |
| 25 | 6 | det | inf | 1 | 0 | det | |
| 26 | | | | | | | |

图 5.3　转换到机械符号约定的高斯指标

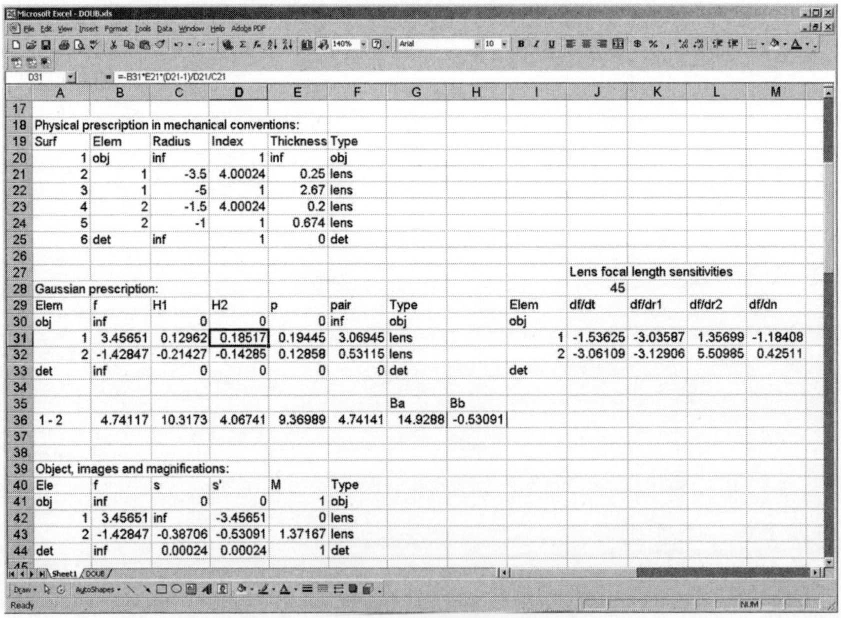

D31 =-B31*E21*(D21-1)/D21/C21

| | A | B | C | D | E | F | G | H | I | J | K | L | M |
|---|---|---|---|---|---|---|---|---|---|---|---|---|---|
| 17 | | | | | | | | | | | | | |
| 18 | Physical prescription in mechanical conventions: | | | | | | | | | | | | |
| 19 | Surf | Elem | Radius | Index | Thickness | Type | | | | | | | |
| 20 | 1 | obj | inf | 1 | inf | obj | | | | | | | |
| 21 | 2 | 1 | -3.5 | 4.00024 | 0.25 | lens | | | | | | | |
| 22 | 3 | 1 | -5 | 1 | 2.67 | lens | | | | | | | |
| 23 | 4 | 2 | -1.5 | 4.00024 | 0.2 | lens | | | | | | | |
| 24 | 5 | 2 | -1 | 1 | 0.674 | lens | | | | | | | |
| 25 | 6 | det | inf | 1 | 0 | det | | | | | | | |
| 26 | | | | | | | | | | | | | |
| 27 | | | | | | | | | | Lens focal length sensitivities | | | |
| 28 | Gaussian prescription: | | | | | | | | | 45 | | | |
| 29 | Elem | f | H1 | H2 | p | pair | Type | | Elem | df/dt | df/dr1 | df/dr2 | df/dn |
| 30 | obj | inf | 0 | 0 | 0 | inf | obj | | obj | | | | |
| 31 | 1 | 3.45651 | 0.12962 | 0.18517 | 0.19445 | 3.06945 | lens | | 1 | -1.53625 | -3.03587 | 1.35699 | -1.18408 |
| 32 | 2 | -1.42847 | -0.21427 | -0.14285 | 0.12858 | 0.53115 | lens | | 2 | -3.06109 | -3.12906 | 5.50985 | 0.42511 |
| 33 | det | inf | 0 | 0 | 0 | 0 | det | | det | | | | |
| 34 | | | | | | | | | | | | | |
| 35 | | | | | | | Ba | Bb | | | | | |
| 36 | 1 - 2 | 4.74117 | 10.3173 | 4.06741 | 9.36989 | 4.74141 | 14.9288 | -0.53091 | | | | | |
| 37 | | | | | | | | | | | | | |
| 38 | | | | | | | | | | | | | |
| 39 | Object, images and magnifications: | | | | | | | | | | | | |
| 40 | Ele | f | s | s' | M | Type | | | | | | | |
| 41 | obj | inf | 0 | 0 | 1 | obj | | | | | | | |
| 42 | 1 | 3.45651 | inf | -3.45651 | 0 | lens | | | | | | | |
| 43 | 2 | -1.42847 | -0.38706 | -0.53091 | 1.37167 | lens | | | | | | | |
| 44 | det | inf | 0.00024 | 0.00024 | 1 | det | | | | | | | |

图 5.4　二透镜望远镜系统的高斯特性

还给出了双合透镜的 $B_a$ 和 $B_b$ 属性参数。

接下来,计算物像距和放大率。计算时使用的是高斯属性参数。每个物体和图像的位置都根据高斯指标数据计算。每个透镜放大率,就是其像距 $s'$ 和物距 $s$ 的比值。

单个元件的阵列如图5.5所示。加亮显示的单元格给出了单元2的影响系数 $Ty_i/Ty_2$ 的计算过程。注意到,计算每个元件影响系数使用的属性数据(如放大率、主点厚度和焦距)已经转换到每个元件阵列的最上方区域,这样可以很方便地建立整个整列。

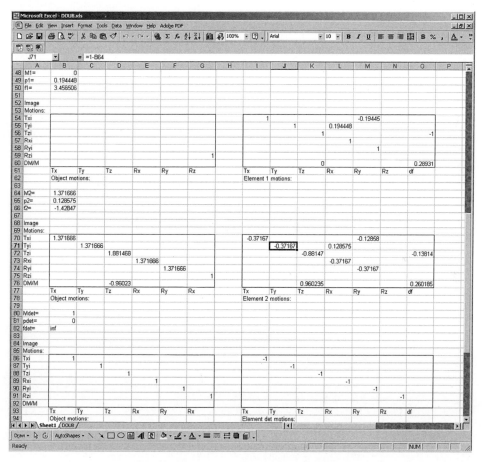

图5.5 简单的二透镜望远镜的单元阵列

最后,根据每个元件的阵列,就可以组装整个光机约束方程,如图5.6所示。其中在图5.6(a)中,加框显示的单元格说明了由电子表格中上面的单个元件阵

列计算影响系数 $\Delta M/MTz_1$ 的情况。在图 5.6(a) 中给出了物体和单元 1 的系数，单元 2 和探测器的系数则在图 5.6(b) 中给出。

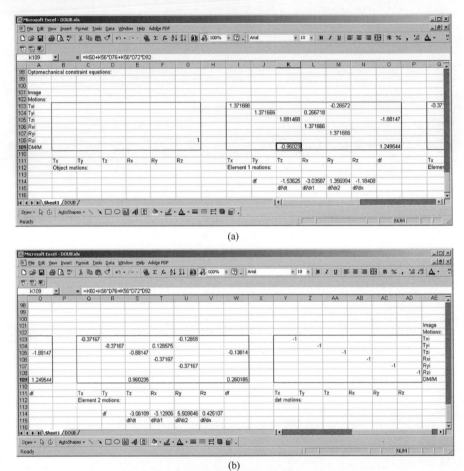

(a)

(b)

图 5.6　简单二透镜望远镜的光机约束方程

(a) 物体和单元 1；(b) 单元 2 和探测器。

在研究机械设计扰动影响的时候，电子表格是一种非常优秀的工具。如果工程师改变某一个透镜元件的曲率，马上就会看到变化后图像的位置、方向和大小，并且把这些结果和光机约束方程中的影响系数对比。工程师还可以把平动和位移复制到结构分析软件中，计算在探测器上产生的配准误差。

和便捷的手工模式相比，电子表格可以提供更高的精度。同时，它还可以允许工程师把电子表格复制到多个页面，从而可以支持不同扰动工况，如误差、载荷或热影响条件下结果的计算。

## 5.3 自动化方法

工程师也可以选择定制软件的方法,这样会缓解在准备光机约束方程中大量迭代计算的负担,特别是在大型光学系统中。作者也使用了一种此类软件。这个软件需要输入两个文本文件:第一个包含了光学几何;第二个包含了折射率数据。对于二透镜望远镜系统,工程师需要准备的第一个文件是几何文件,如表 5.7 所列。

表 5.7　望远镜的光学几何文件

| 表面 | 元素 | 半径/mm | 折射率 | 厚度/mm | 类型 | f1 | f2 | f3 | f4 |
|---|---|---|---|---|---|---|---|---|---|
| 1 | obj | inf | AIR | inf | obj | 1.0000000 | 1.0000000 | 0.0000000 | 0.0000000 |
| 2 | 1 | 3.5 | ge | 0.25 | LENS | 0.0000000 | 0.0000000 | 0.0000000 | 0.0000000 |
| 3 | 1 | 5 | AIR | 2.67 | LENS | 0.0000000 | 0.0000000 | 0.0000000 | 0.0000000 |
| 4 | 2 | 1.5 | ge | 0.2 | LENS | 0.0000000 | 0.0000000 | 0.0000000 | 0.0000000 |
| 5 | 2 | 1 | AIR | 0.674 | LENS | 0.0000000 | 0.0000000 | 0.0000000 | 0.0000000 |
| 6 | det | inf | AIR | 0.0 | det. | | | | |

表面 1 右边四列的信息(f1 ~ f4)包含了软件的使用说明:f1 是转换指标量纲的比例因子(如从毫米到英寸)。在这个例子中,不需要进行转换,因此比例因子为 1.0。f2 项中的 1.0 说明软件的这些信息是按照光学符号约定的,因此,软件需要在下一步处理前把它们转换到光机符号约定。

第二个文件是折射率数据,如表 5.8 所列。

表 5.8　望远镜的折射率文件

| 材　　料 | 折射率值 |
|---|---|
| 空气 | 1.0 |
| 锗 | 4.00024 |

软件读入这两个文件,可以生成一个输出文件,其中包含了上面手写或者电子表格方法生成的所有信息,如表 5.9 所列。

输出文件的打开,是在初始输入文件的命令中加入一个 echo。在这个例子中,使用的是光学符号约定。接下来,是对这个采用光机符号约定指标的 echo,每个元件的物像距、放大率以及规范化的偏差分数就是系统每个元件的高斯指标以及系统的高斯指标。在这个设计中没有入射角 $\phi$、折射角 $\phi'$ 以及转角 $\theta$。

在这个软件中,光机约束方程以竖直的形式给出,其中 7 个配准变量横放在顶部,而每个元件独立的机械自由度则列在左侧边缘处。右边最下预留了两行,以便记录透镜焦距关于其厚度、第一半径、第二半径以及折射率等设计变量的灵敏度。

在软件中,同时也提供了单独的元件阵列,如表 5.10 所列。

软件还具有一个可选择的功能,就是可以输出 NASTRAN 有限元模型格式的光机约束方程。在表 5.11 中,给出了这个两元件望远镜的 NASTRAN 模型。

表 5.9　建立望远镜光机约束方程的输出文件

PROJECT NAME: 'DOUB' TIME AND DATE: 12:39:20 03-29-2015

PHYSICAL PRESCRIPTION INPUT ECHO IN OPTICAL CONVENTIONS

| Surf | Elem | Radius | Thickness | Index | Type | f1 | f2 | f3 | f4 |
|---|---|---|---|---|---|---|---|---|---|
| 1 | obj | inf | inf | 1.0 | obj | 1 | 1 | 0 | 0 |
| 2 | 1 | 3.5 | .25 | 4.00024 | LENS | 0 | 0 | 0 | 0 |
| 3 | 1 | 5 | 2.67 | 1.0 | LENS | 0 | 0 | 0 | 0 |
| 4 | 2 | 1.5 | .2 | 4.00024 | LENS | 0 | 0 | 0 | 0 |
| 5 | 2 | 1 | .674 | 1.0 | LENS | 0 | 0 | 0 | 0 |
| 6 | det | inf | 0 | 1.0 | det | | | | |

INDEXES OF REFRACTION ARE RELATIVE TO THE VALUE OF 1.000292.

PHYSICAL PRESCRIPTION INPUT ECHO IN MECHANICAL CONVENTIONS

| Surf | Elem | Radius | Thickness | Index | Type | f1 | f2 | f3 | f4 |
|---|---|---|---|---|---|---|---|---|---|
| 1 | obj | inf | inf | 1.0 | obj | 1 | 0 | 0 | 0 |
| 2 | 1 | -3.5 | .25 | 4.00024 | LENS | 0 | 0 | 0 | 0 |
| 3 | 1 | -5 | 2.67 | 1.0 | LENS | 0 | 0 | 0 | 0 |
| 4 | 2 | -1.5 | .2 | 4.00024 | LENS | 0 | 0 | 0 | 0 |
| 5 | 2 | -1 | .674 | 1.0 | LENS | 0 | 0 | 0 | 0 |
| 6 | det | inf | 0 | 1.0 | det | | | | |

INDEXES OF REFRACTION ARE RELATIVE TO THE VALUE OF 1.000292.

GAUSSIAN PRESCRIPTION

| ELE | F | H1 | H2 | P | P/AIR | PHI | THETA | TYPE | PHI' |
|---|---|---|---|---|---|---|---|---|---|
| obj | inf | 0 | 0 | 0 | inf | 0 | 0 | obj | |
| 1 | 3.4565059 | .12962156 | .18517366 | .1944479 | 3.0694484 | 0 | 0 | LENS | |
| 2 | -1.4284694 | -.21427469 | -.1428498 | .1285751 | .5311502 | 0 | 0 | LENS | |
| det | inf | 0 | 0 | 0 | 0 | 0 | 0 | det | |
| SYSTEM | 4.741172 | 10.317298 | 4.0674085 | 9.3698891 | 4.7414085 | | | | |

OBJECTS, IMAGES AND MAGNIFICATIONS

| ELE | F | S | S' | M | e/Tzo | THETA | TYPE | PHI | PHI' |
|---|---|---|---|---|---|---|---|---|---|
| obj | inf | 0 | 0 | 1.0 | 0 | 0 | obj | 0 | 0 |
| 1 | 3.456506 | 0 | -3.456506 | 0 | 0 | 0 | LENS | 0 | 0 |
| 2 | -1.428469 | -.3870576 | -.5309138 | 1.371666 | -.9602 | 0 | LENS | 0 | 0 |
| det | inf | 2.36431E-4 | 2.36431E-4 | +1.0 | 0 | 0 | det | 0 | 0 |

OPTOMECHANICAL CONSTRAINT EQUATIONS (ABSOLUTE VALUES SMALLER THAN 0 ARE PRINTED AS 0.0)

REGISTRATION VARIABLES

| | TX | TY | TZ | RX | RY | RZ | DM/M | Df,p,G | LDesVar |
|---|---|---|---|---|---|---|---|---|---|
| Tx | 0.0 | 0.0 | 0.0 | 0.0 | 0.0 | 0.0 | 0.0 | 0.0 | Dt |
| Ty | 0.0 | 0.0 | 0.0 | 0.0 | 0.0 | 0.0 | 0.0 | 0.0 | DR1 |
| Tz | 0.0 | 0.0 | 0.0 | 0.0 | 0.0 | 0.0 | 0.0 | 0.0 | DR2 |
| Rx | 0.0 | 0.0 | 0.0 | 0.0 | 0.0 | 0.0 | 0.0 | 0.0 | Dn |
| Ry | 0.0 | 0.0 | 0.0 | 0.0 | 0.0 | 0.0 | 0.0 | 0.0 | |
| Rz | 0.0 | 0.0 | 0.0 | 0.0 | 0.0 | 1 | 0.0 | 0.0 | |
| Df,p,G | 0.0 | 0.0 | 0.0 | 0.0 | 0.0 | 0.0 | 0.0 | 0.0 | |
| **SYSTEM-OBJECT** | | | | | | | | | |
| Tx | 1.371666 | 0.0 | 0.0 | 0.0 | 0.0 | 0.0 | 0.0 | -1.536252 | Dt |
| Ty | 0.0 | 1.371666 | 0.0 | 0.0 | 0.0 | 0.0 | 0.0 | -3.035868 | DR1 |
| Tz | 0.0 | 0.0 | 1.881468 | 0.0 | 0.0 | 0.0 | -.9602349 | 1.356994 | DR2 |
| Rx | 0.0 | .2667176 | 0.0 | 1.371666 | 0.0 | 0.0 | 0.0 | -1.184077 | Dn |
| Ry | -.2667176 | 0.0 | 0.0 | 0.0 | 1.371666 | 0.0 | 0.0 | 0.0 | |
| Rz | 0.0 | 0.0 | 0.0 | 0.0 | 0.0 | 0.0 | 0.0 | 0.0 | |
| Df,p,G | 0.0 | 0.0 | -1.881468 | 0.0 | 0.0 | 0.0 | 1.249544 | 0.0 | |
| **ELEMENT-1** | | | | | | | | | |
| Tx | -.3716662 | 0.0 | 0.0 | 0.0 | 0.0 | 0.0 | 0.0 | -3.061093 | Dt |
| Ty | 0.0 | -.3716662 | 0.0 | 0.0 | 0.0 | 0.0 | 0.0 | -3.129063 | DR1 |
| Tz | 0.0 | 0.0 | -.8814681 | 0.0 | 0.0 | 0.0 | .9602349 | 5.509846 | DR2 |
| Rx | 0.0 | .1285751 | 0.0 | -.3716662 | 0.0 | 0.0 | 0.0 | .4251073 | Dn |
| Ry | -.1285751 | 0.0 | 0.0 | -.3716662 | -.3716662 | 0.0 | 0.0 | 0.0 | |
| Rz | 0.0 | 0.0 | 0.0 | 0.0 | 0.0 | 0.0 | 0.0 | 0.0 | |
| Df,p,G | 0.0 | 0.0 | -.1381358 | 0.0 | 0.0 | 0.0 | .2601849 | 0.0 | |
| **ELEMENT-2** | | | | | | | | | |
| Tx | -1 | 0.0 | 0.0 | 0.0 | 0.0 | 0.0 | 0.0 | 0.0 | Dt |
| Ty | 0.0 | -1 | 0.0 | 0.0 | 0.0 | 0.0 | 0.0 | 0.0 | DR1 |
| Tz | 0.0 | 0.0 | -1 | 0.0 | 0.0 | 0.0 | 0.0 | 0.0 | DR2 |
| Rx | 0.0 | 0.0 | 0.0 | -1 | 0.0 | 0.0 | 0.0 | 0.0 | Dn |
| Ry | 0.0 | 0.0 | 0.0 | 0.0 | -1 | 0.0 | 0.0 | 0.0 | |
| Rz | 0.0 | 0.0 | 0.0 | 0.0 | 0.0 | -1 | 0.0 | 0.0 | |
| Df,p,G | 0.0 | 0.0 | 0.0 | 0.0 | 0.0 | 0.0 | 0.0 | 0.0 | |
| **DETECTOR** | | | | | | | | | |

表 5.10（a） 透镜 1 影响系数

ELEMENT INFLUENCE COEFFICIENT ARRAYS

| | Tx | Ty | Tz | Rx | Ry | Rz | DF |
|---|---|---|---|---|---|---|---|
| Tx | 1 | | | | | | |
| Ty | | 1 | | | | | |
| Tz | | | 1 | | | | −1 |
| Rx | | .194448 | | 1 | | | |
| Ry | −.194448 | | | | 1 | | |
| Rz | | | | | | 1 | |
| DM/M | | | | | | | .28931 |

OBJECT::::::  ELEMENT 1

表 5.10（b） 透镜 2 影响系数

| | Tx | Ty | Tz | Rx | Ry | Rz | DF |
|---|---|---|---|---|---|---|---|
| Tx | 1.37167 | | | | −.371666 | | |
| Ty | | 1.37167 | | −.371666 | | | |
| Tz | | | 1.88147 | | | | −.138136 |
| Rx | | | | 1.37167 | −.128575 | | |
| Ry | | | | .128575 | 1.37167 | | |
| Rz | | | −.881468 | −.371666 | | .960235 | |
| DM/M | −.960235 | | | | | | .260185 |

OBJECT::::::  ELEMENT 2

表 5.10（c） 探测器 影响系数

| | Tx | Ty | Tz | Rx | Ry | Rz | DF |
|---|---|---|---|---|---|---|---|
| Tx | 1 | | | | | | |
| Ty | | −1 | | | | | |
| Tz | | | −1 | | | | |
| Rx | | | | 1 | | | |
| Ry | | | | | −1 | | |
| Rz | | | | | | 1 | |
| DM/M | | | | | | | |

OBJECT::::::  ELEMENT DET

表 5.11 望远镜光机约束方程的 NASTRAN 有限元模型

```
NASTRAN MESH
CEND
TITLE =DOUB'S IVORY(TM) UNIFIED OPTOMECHANICAL MODEL
$ SINGLE POINT CONSTRAINT SETS MUST BE CALLED OUT IN THE CASE CONTROL DECK.
SPC =1000
$ MULTIPOINT CONSTRAINT SETS MUST BE CALLED OUT IN THE CASE CONTROL DECK.
MPC =1000
BEGIN BULK
$ THE FOLLOWING GRID POINTS/DOFS HAVE BEEN ASSIGNED:
$ 1 THRU 2 /123456 ARE ASSIGNED TO THE OPTICAL ELEMENTS IN ASCENDING ORDER.
$ 3 /123456 IS ASSIGNED TO THE SYSTEM DETECTOR.
$ 4 /123456 IS ASSIGNED TO THE SYSTEM OBJECT.
$ 5 /123456 IS ASSIGNED TO THE REGISTRATION VARIABLES TX, TY, TZ, RX, RY, RZ.
$ 6 /1 IS ASSIGNED TO THE REGISTRATION VARIABLE DM/M.
```

| | | | | | | | |
|---|---|---|---|---|---|---|---|
| GRID | 5 | 3 | 0. | 0. | 0. | 3 | |
| GRID | 6 | 3 | 0. | 0. | 0. | 3 | |
| MPC | 1000 | 5 | 1 | −1. | 1 | 1 | 1. 371666 |
| | | 1 | 5 | −. 2667182 | | 1 | −. 371666 |
| | | 2 | 5 | −. 1285753 | | 1 | −1. |
| MPC | 1000 | 5 | 2 | −1. | 1 | 2 | 1. 371666 |
| | | 1 | 4 | . 26671762 | | 2 | −. 371666 |
| | | 2 | 4 | . 12857513 | | 2 | −1. |
| MPC | 1000 | 5 | 3 | −1. | 1 | 3 | 1. 881468 |
| | | 2 | 3 | −. 8814683 | | 3 | −1. |
| MPC | 1000 | 5 | 4 | −1. | 1 | 4 | 1. 371666 |
| | | 2 | 4 | −. 3716663 | | 4 | −1. |
| MPC | 1000 | 5 | 5 | −1. | 1 | 5 | 1. 371666 |
| | | 2 | 5 | −. 3716663 | | 5 | −1. |
| MPC | 1000 | 5 | 6 | −1. | 3 | 6 | −1. |
| MPC | 1000 | 6 | 1 | −1. | 1 | 3 | −. 960235 |
| | | 2 | 3 | . 9602349 | | | |
| SPC | 1000 | 6 | 23456 | | | | |

```
$ DETECTOR
$ PRINCIPAL POINT
```

| | | | | | | | | | |
|---|---|---|---|---|---|---|---|---|---|
| GRID | 3 | 3 | 0. | 0. | 0. | 3 | | | |

```
$ DETECTOR COORDINATE SYSTEM
```

| | | | | | | | | | |
|---|---|---|---|---|---|---|---|---|---|
| CORD2R | 3 | 0 | 0. | 0. | 0. | 0. | 0. | | 1. |
| | | 1. | 0. | 0. | | | | | |

```
$ INCIDENT OPTICAL AXIS COORDINATE SYSTEM
CORD2R    6       3   0.              0.              0.             0.  0.                  1.
          1.      0.  0.
$ ELEMENT 2
$ FIRST PRINCIPAL POINT
GRID      2       6   0.              0.              . 65972532
$ ELEMENT COORDINATE SYSTEM
CORD2R    2       6   0.              0.              . 65972530.             0.                  1. 6597
          1.      0.  . 6597253
$ INCIDENT OPTICAL AXIS COORDINATE SYSTEM
CORD2R    5       6   0.              0.              . 65972530.             0.                  1. 659725
          1.      0.  . 6597253
$ ELEMENT 1
$ FIRST PRINCIPAL POINT
GRID      1       5   0.              0.              3. 2638961
$ ELEMENT COORDINATE SYSTEM
CORD2R    1       5   0.              0.              3. 2638960.             0.                  4. 263896
          1.      0.  3. 263896
$ INCIDENT OPTICAL AXIS COORDINATE SYSTEM
CORD2R    4       5   0.              0.              3. 2638960.             0.                  4. 263896
          1.      0.  3. 263896
$ OBJECT AT INFINITY AND NOT MODELED
ENDDATA
```

这个文本文件可以输入到 NASTRAN 结构模型中，和光学元件连接在一起。这个程序在论证机械设计中光机稳定性时是非常有用的。

## 5.4　绕光轴转动一个元件的物体

在元件影响函数公式中（第 2 章的透镜及第 4 章的其他元件），定义了元件的物体绕元件入射光轴的转动角 $\theta$。利用这个特征，可以建立折转光学系统的模型，甚至可以包括面外折转的情况。例如，对于平面折转镜或者也可能是一个棱镜，它的物体绕着物体局部坐标系的 $Z$ 轴转动 $\theta$ 角。这和元件（平面镜或棱镜）绕元件的入射光轴转动 $-\theta$ 角是等价的。

通过组合一个元件转动角 $\theta$ 和入射角 $\phi$，就可以使光轴发生弯曲和旋转，从而把光学设计师物理指标中规定的光路，复制到机械工程师需要的任何方向上。这两个转角 $\theta$ 和 $\phi$ 分别是在光机坐标系下定义的绕着 $Z$ 轴和 $X$ 轴的转动。在某种程度上,虽然它们和光学设计师用来定位系统中光学表面方向的转角 $\alpha$ 和 $\beta$ 类似,但是却是不同的。$\alpha$ 和 $\beta$ 分别是定义在光学设计坐标系中绕局部的 $X$ 轴和 $Y$ 轴的转动角。在第 1 章中,我们已经说明了这些坐标系以及它们之间的区别。

利用 $\theta$ 转角的特点,同时还可以允许工程师把系统的探测器和远视场目标对齐,调整探测器的坐标系,使它平行于物体的坐标系,这样就能简化对探测器上配准误差的理解。

对于物体绕其光轴转动的系统,在组装光机约束方程的时候,必须适当修改卷积和叠加操作。这个修改过程就是,把物体本身坐标系下的运动,分配到图像坐标系($X$-$Y$ 平面)内相应的矢量上。

对于图 5.1 中的二透镜望远镜,如果把远处的物体重新调整或者转动 30°, 如图 5.7 所示,通过重新计算这个光机约束方程,就可以得到探测器上相应的矢量分量。为了进行这个计算,工程师需要假设这个转动角发生在第一和第二透镜之间。由于第一个透镜的放大率为零(目标位于无穷远处),因此这个假设是非常有必要的,这样,对于透镜来说,它的目标运动阵列就是空的,除非如表 5.10(a) 所列具有 $Rz_i/Rz_o$ 项。在这些假设条件下,$\theta_1$ 等于 30°。正如图 5.8 所示,系统的物体和透镜 1 的坐标系是平行的,坐标转换只需在透镜 1 和透镜 2 之间进行,其中物体的运动阵列是个有限的满阵,如表 5.10(b) 所列。

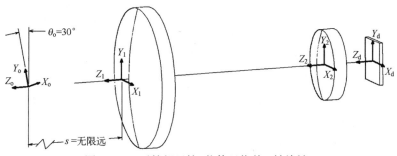

图 5.7　二透镜望远镜(物体只绕其 $z$ 轴旋转)

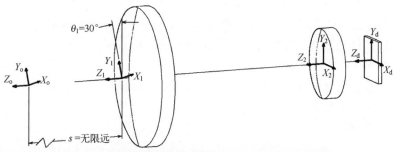

图 5.8　二透镜望远镜(物体和透镜 1 都绕其 $z$ 轴旋转)

在表 5.12 中,在透镜 2 的第一个表面(也就是表中的表面 4)的 f2 列,输入一个 30°的转角,就可以完成望远镜几何文件的修改。修改的部分用黑体显示。另外,望远镜的折射率数据列表保持不变,如表 5.13 所列。

表 5.12　望远镜的光学几何文件(物体和透镜 1 旋转 30°)

| 表面 | 元素 | 半径 | 折射率 | 厚度/mm | 类型 | f1 | f2 | f3 | f4 |
|---|---|---|---|---|---|---|---|---|---|
| 1 | Obj. | Inf. | AIR | Inf. | Obj. | 1. 0000000 | 1. 0000000 | 0. 0000000 | 0. 0000000 |
| 2 | 1 | 3.5 | ge | 0. 25 | LENS | 0. 0000000 | 0. 0000000 | 0. 0000000 | 0. 0000000 |
| 3 | 1 | 5 | AIR | 2. 67 | LENS | 0. 0000000 | 0. 0000000 | 0. 0000000 | 0. 0000000 |
| 4 | 2 | 1.5 | ge | 0. 2 | LENS | 0. 0000000 | **30. 000000** | 0. 0000000 | 0. 0000000 |
| 5 | 2 | 1 | AIR | 0. 674 | LENS | 0. 0000000 | 0. 0000000 | 0. 0000000 | 0. 0000000 |
| 6 | det | Inf. | AIR | 0. 0 | det | | | | |

表 5.13　折射率文件(保持不变)

| 材　　料 | 折射率值 |
|---|---|
| 空气 | 1.0 |
| 锗 | 4.00024 |

接下来,输入这些数据集合并运行软件,就可以得到一个新的单元影响系数阵列和光机约束方程集合。虽然这个系统中物体和透镜 1 都发生了转动,但是透镜 1 和探测器的单元阵列(表 5.14(a)和(c)),和它们非转动的状态是一样的(表 5.10(a)和(c))。和透镜 1 和透镜 2$X$-$Y$ 坐标系之间的坐标转换相对应,第二个透镜的单元阵列由原来的表 5.10(b)变成了表 5.14(b)。这样,透镜 1 沿着 $X$ 或 $Y$ 方向的纯平动和转动,就会以透镜 2 坐标系下合理的分量形式传递到透镜 2。这些差别以黑体加框的方式在表 5.14(b)中给出。

根据修改后的单元阵列,重新组装光机约束方程。可以看到,在单元阵列中透镜 1 的 $X$ 或者 $Y$ 方向的平动,都会使透镜 2 的图像以及探测器的配准变量在 $X$ 和 $Y$ 两个方向产生平动。同样,透镜 1 绕 $X$ 或者 $Y$ 方向的转动,也会在透镜 2 的图像以及探测器的配准变量产生绕 $X$ 和 $Y$ 的转动。在表 5.15 中,光机约束方程中这些差别用黑体加框显示。

同时,这个软件还能够输出一个修改版本的望远镜 NASTRAN 模型,其中包括影响系数和光路几何的变化,如表 5.16 所列。其中,模型文件中的变化部分用黑体加框显示。

90

表 5.14（a）　透镜 1 单元阵列（系统物体旋转后）

| | Tx | Ty | Tz | Rx | Ry | Rz | DF |
|---|---|---|---|---|---|---|---|
| Tx | 1 | | | | | | |
| Ty | | 1 | | | .194448 | | |
| Tz | | | 1 | | | | |
| Rx | | | | 1 | | | |
| Ry | | -.194448 | | | 1 | | |
| Rz | | | | | | -1 | |
| DM/M | | | | | | | .28931 |

OBJECT::::: ELEMENT 1

表 5.14（b）　透镜 2 单元阵列（系统物体旋转后）

| | Tx | Ty | Tz | Rx | Ry | Rz | DF |
|---|---|---|---|---|---|---|---|
| Tx | 1.1879 | -.685833 | | | -.371666 | .128575 | -.138136 |
| Ty | .685833 | 1.1879 | | | -.371666 | -.128575 | |
| Tz | | | 1.88147 | -.881468 | -.371666 | | |
| Rx | | | | 1.1879 | -.685833 | | |
| Ry | | | | .685833 | 1.1879 | | |
| Rz | | | | | | .960235 | |
| DM/M | | | -.960235 | | | | .260185 |

OBJECT::::: ELEMENT 2

表 5.14（c）　探测器单元阵列（系统物体旋转后）

| | Tx | Ty | Tz | Rx | Ry | Rz | DF |
|---|---|---|---|---|---|---|---|
| Tx | 1 | | | | | | |
| Ty | | 1 | | | | | |
| Tz | | | 1 | | | | |
| Rx | | | | -1 | | | |
| Ry | | | | | -1 | | |
| Rz | | | | | | -1 | |
| DM/M | | | | | | | |

OBJECT::::: ELEMENT DET

91

表 5.15　望远镜的光机约束方程（物体绕其 z 轴转动 30°）

OPTOMECHANICAL CONSTRAINT EQUATIONS (ABSOLUTE VALUES SMALLER THAN 0 ARE PRINTED AS 0.0)

REGISTRATION VARIABLES

| | $T_x$ | $T_y$ | $T_z$ | $R_x$ | $R_y$ | $R_z$ | $DM/M$ | $Df,p,G$ | LDesVar |
|---|---|---|---|---|---|---|---|---|---|
| **SYSTEM–OBJECT** | | | | | | | | | |
| $T_x$ | 1.187898 | .6858331 | 0.0 | 0.0 | 0.0 | 0.0 | 0.0 | 0.0 | Dt |
| $T_y$ | -.6858331 | 1.187898 | 0.0 | 0.0 | 0.0 | 0.0 | 0.0 | 0.0 | DR1 |
| $T_z$ | -.1333588 | .2309842 | 1.881468 | 0.0 | 0.0 | 0.0 | -.9602349 | 0.0 | DR2 |
| $R_x$ | -.2309842 | -.1333588 | 0.0 | 1.187898 | .6858331 | 0.0 | 0.0 | 0.0 | Dn |
| $R_y$ | 0.0 | 0.0 | 0.0 | -.6858331 | 1.187898 | 0.0 | 0.0 | 0.0 | |
| $R_z$ | 0.0 | 0.0 | 0.0 | 0.0 | 0.0 | 1 | 0.0 | 0.0 | |
| $Df,p,G$ | 0.0 | 0.0 | -1.881468 | 0.0 | 0.0 | 0.0 | 1.249544 | 0.0 | |
| **ELEMENT–1** | | | | | | | | | |
| $T_x$ | -.3716662 | 0.0 | 0.0 | 0.0 | 0.0 | 0.0 | 0.0 | -1.536252 | Dt |
| $T_y$ | 0.0 | -.3716662 | 0.0 | 0.0 | 0.0 | 0.0 | 0.0 | -3.035868 | DR1 |
| $T_z$ | 0.0 | .1285751 | -.8814681 | 0.0 | 0.0 | 0.0 | .9602349 | 1.356994 | DR2 |
| $R_x$ | -.1285751 | 0.0 | 0.0 | -.3716662 | 0.0 | 0.0 | 0.0 | -1.280087 | Dn |
| $R_y$ | 0.0 | 0.0 | 0.0 | 0.0 | -.3716662 | 0.0 | 0.0 | 0.0 | |
| $R_z$ | 0.0 | 0.0 | 0.0 | 0.0 | 0.0 | 0.0 | 0.0 | 0.0 | |
| $Df,p,G$ | 0.0 | 0.0 | -.1381358 | 0.0 | 0.0 | 0.0 | .2601849 | 0.0 | |
| **ELEMENT–2** | | | | | | | | | |
| $T_x$ | 0.0 | 0.0 | 0.0 | 0.0 | 0.0 | 0.0 | 0.0 | -3.061093 | Dt |
| $T_y$ | 0.0 | 0.0 | 0.0 | 0.0 | 0.0 | 0.0 | 0.0 | -3.129063 | DR1 |
| $T_z$ | 0.0 | 0.0 | 0.0 | 0.0 | 0.0 | 0.0 | 0.0 | 5.509846 | DR2 |
| $R_x$ | 0.0 | 0.0 | 0.0 | 0.0 | 0.0 | 0.0 | 0.0 | .2720618 | Dn |
| $R_y$ | 0.0 | 0.0 | 0.0 | 0.0 | 0.0 | 0.0 | 0.0 | 0.0 | |
| $R_z$ | 0.0 | 0.0 | 0.0 | 0.0 | 0.0 | 0.0 | 0.0 | 0.0 | |
| $Df,p,G$ | 0.0 | 0.0 | 0.0 | 0.0 | 0.0 | 0.0 | 0.0 | 0.0 | |
| **DETECTOR** | | | | | | | | | |
| $T_x$ | -1 | 0.0 | 0.0 | 0.0 | 0.0 | 0.0 | 0.0 | 0.0 | Dt |
| $T_y$ | 0.0 | -1 | 0.0 | 0.0 | 0.0 | 0.0 | 0.0 | 0.0 | DR1 |
| $T_z$ | 0.0 | 0.0 | -1 | 0.0 | 0.0 | 0.0 | 0.0 | 0.0 | DR2 |
| $R_x$ | 0.0 | 0.0 | 0.0 | -1 | 0.0 | 0.0 | 0.0 | 0.0 | Dn |
| $R_y$ | 0.0 | 0.0 | 0.0 | 0.0 | -1 | 0.0 | 0.0 | 0.0 | |
| $R_z$ | 0.0 | 0.0 | 0.0 | 0.0 | 0.0 | -1 | 0.0 | 0.0 | |
| $Df,p,G$ | 0.0 | 0.0 | 0.0 | 0.0 | 0.0 | 0.0 | 0.0 | 0.0 | |

表 5.16　望远镜的 Nastran 模型(系统物体绕其 $z$ 轴转动 30°)

```
NASTRAN MESH
CEND
TITLE = DOUBQ'S IVORY(TM) UNIFIED OPTOMECHANICAL MODEL
$ SINGLE POINT CONSTRAINT SETS MUST BE CALLED OUT IN THE CASE CONTROL DECK.
SPC = 1000
$ MULTIPOINT CONSTRAINT SETS MUST BE CALLED OUT IN THE CASE CONTROL DECK.
MPC = 1000
BEGIN BULK
$ THE FOLLOWING GRID POINTS/DOFS HAVE BEEN ASSIGNED:
$ 1 THRU 2 /123456 ARE ASSIGNED TO THE OPTICAL ELEMENTS IN ASCENDING ORDER.
$ 3 /123456 IS ASSIGNED TO THE SYSTEM DETECTOR.
$ 4 /123456 IS ASSIGNED TO THE SYSTEM OBJECT.
$ 5 /123456 IS ASSIGNED TO THE REGISTRATION VARIABLES TX, TY, TZ, RX, RY, RZ.
$ 6 /1 IS ASSIGNED TO THE REGISTRATION VARIABLE DM/M.
```

| | | | | | | | |
|---|---|---|---|---|---|---|---|
| GRID | 5 | 3 | 0. | 0. | 0. | 3 | |
| GRID | 6 | 3 | 0. | 0. | 0. | 3 | |
| MPC | 1000 | 5 | 1 | −1. | 1 | 1 | 1.187898 |
| | | 1 | 2 | −.6858331 | | 4 | −.133359 |
| | | 1 | 5 | −.2309842 | | 1 | −.371666 |
| | | 2 | 5 | −.1285753 | | 1 | −1. |
| MPC | 1000 | 5 | 2 | −1. | 1 | 1 | .6858331 |
| | | 1 | 2 | 1.1878981 | | 4 | .2309842 |
| | | 1 | 5 | −.1333592 | | 2 | −.371666 |
| | | 2 | 4 | .12857513 | | 2 | −1. |
| MPC | 1000 | 5 | 3 | −1. | 1 | 3 | 1.881468 |
| | | 2 | 3 | −.8814683 | | 3 | −1. |
| MPC | 1000 | 5 | 4 | −1. | 1 | 4 | 1.187898 |
| | | 1 | 5 | −.6858332 | | 4 | −.371666 |
| | | 3 | 4 | −1. | | | |
| MPC | 1000 | 5 | 5 | −1. | 1 | 4 | .6858331 |
| | | 1 | 5 | 1.1878982 | | 5 | −.371666 |
| | | 3 | 5 | −1. | | | |
| MPC | 1000 | 5 | 6 | −1. | 3 | 6 | −1. |
| MPC | 1000 | 6 | 1 | −1. | 1 | 3 | −.960235 |
| | | 2 | 3 | .9602349 | | | |
| SPC | 1000 | 6 | 23456 | | | | |

```
$ DETECTOR
$ PRINCIPAL POINT
```

| | | | | | | | | | |
|---|---|---|---|---|---|---|---|---|---|
| GRID | 3 | 3 | 0. | 0. | 0. | 3 | | | |

```
$ DETECTOR COORDINATE SYSTEM
```

| | | | | | | | | | |
|---|---|---|---|---|---|---|---|---|---|
| CORD2R | 3 | 0 | 0. | 0. | 0. | 0. | 0. | | 1. |
| | 1. | 0. | 0. | | | | | | |

```
$ INCIDENT OPTICAL AXIS COORDINATE SYSTEM
```

| | | | | | | | | | |
|---|---|---|---|---|---|---|---|---|---|
| CORD2R | 6 | 3 | 0. | 0. | 0. | 0. | 0. | | 1. |
| | 1. | 0. | 0. | | | | | | |

```
$ ELEMENT 2
$ FIRST PRINCIPAL POINT
```

| | | | | | |
|---|---|---|---|---|---|
| GRID | 2 | 6 | 0. | 0. | .65972532 |

```
$ ELEMENT COORDINATE SYSTEM
CORD2R  2          6  0.              0.              . 65972530.      0.   1. 659725
         1.         0.   . 6597253
$ INCIDENT OPTICAL AXIS COORDINATE SYSTEM
CORD2R  5          6  0.              0.              . 65972530.      0.   1. 659725
         1.         0.   . 6597253
$ ELEMENT 1
$ FIRST PRINCIPAL POINT
GRID    1          5  0.              0.              3. 2638961
$ ELEMENT COORDINATE SYSTEM
CORD2R  1          5  0.              0.              3. 2638960.      0.   4. 263896
        . 8660254. 5      3. 263896
$ INCIDENT OPTICAL AXIS COORDINATE SYSTEM
CORD2R  4          5  0.              0.              3. 2638960.      0.   4. 263896
        . 8660254. 5      3. 263896
$ OBJECT AT INFINITY AND NOT MODELED
```

94

# 第6章 分析检查

在使用光机约束方程时,关于分析的精度或者质量,需要考虑两个因素:首先,光机约束方程和物理理论、其他的计算方法(如光学设计软件)以及经验测试数据的一致性如何。也就是说,光机约束方程模拟光学产品实际情况的精度如何? 其次,由于所有的计算都是在方程中进行的,那么工程师该如何确保这些使用的方程忠实于初始的光学指标?

## 6.1 仿真的品质

光机约束方程能够复现光学设计软件完成的分析,以及光学实验装置进行的测试。这里,我们以一个光学图像相关器为例,对光机约束方程进行深入广泛的评估。所有透镜元件、空间光调制器、LED 以及探测器的布局,如图 6.1 所示。由于相关器对对准要求非常严苛,因此装调人员对于相关器每个光学元件的位置和方向的灵敏度都应非常清楚。其中,L3 是一个特别敏感的元件,它位于空间光调制器 SLM1 和 SLM2 之间。通过微米级的驱动平台,在 L3 上施加 $Tx$ 和 $Ty$ 方向位移,测量实验过程中的像移。在图 6.2 中对比了测试结果和光机约束方程结果的一致性情况。

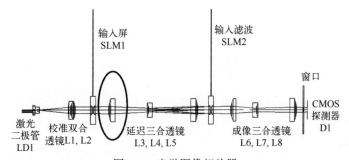

图 6.1 光学图像相关器

为了确定转动 L3 产生的影响,光学设计人员在光学设计软件 Zemax 中使 L3 绕着其第一个顶点 $V_1$ 转动,计算产生的像移。在图 6.3 中给出了上述结果和利用光机约束方程计算结果一致性对比情况。不过,应该注意的是,这些数据和

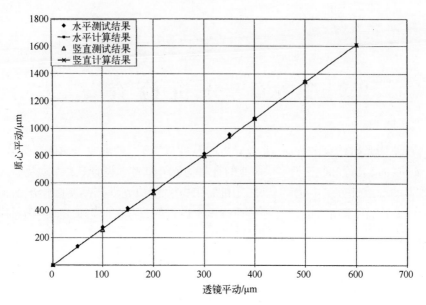

图 6.2　验证透镜 L3 平动运动 $Tx$ 和 $Ty$

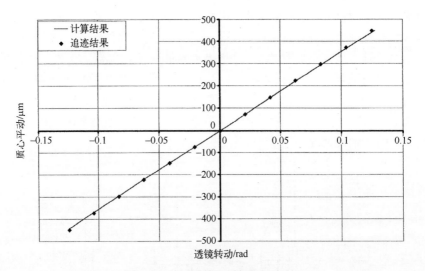

图 6.3　验证透镜 L3 转动 $Rx$ 和 $Ry$

装调人员在尝试调整实验装置上 L3 时的经验并不一致。在 Zemax 的数据中,斜率是正的,但是,根据实验的经验,我们知道这些斜率应该是负的。对实验装置进行检查,可以看到,L3 透镜的夹持器是在靠近透镜厚度中心位置转动透镜的,也就是说大约在第一个顶点后面 1.55mm 处。关于第一个顶点的这个转动是非常重要的,这是由于这个点是透镜(平凸镜)第一主点的位置,同时也是光机约束方程中透镜坐标系的原点所在。

对于这个距离转动轴线 1.55mm 的偏距,重新调整测试数据(同时还会产生一个平动),可以得到如图 6.4 所示的结果,其中给出的修正后的测试数据包含有误差项,并且把它和在光机约束方程中在顶点后 1.55mm 处施加转动计算的结果进行了对比。从图中可以看到,曲线斜率由图 6.3 中所示的发生了反转,这样就正好和装调人员的预期是一样的。这两个结果在考虑测量误差的情况下精度是一致的。

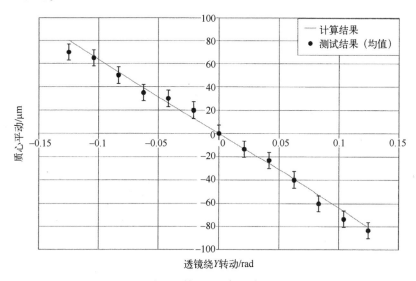

图 6.4　验证透镜 L3 组合运动($Tx$ 和 $Ry$)

## 6.2　实现的品质

在准备光机约束方程时,需要大量的数学运算,其中任何运算都可能会为最终表达式带来误差。为此,工程师可以采用多种方式来检查计算的品质。

### 6.2.1　有效焦距

在 3.2.5.1 节,基于透镜的高斯特性,计算得到了红外接收仪的有效焦距为 $-51.58$mm,和光学设计软件计算的结果 $-51.57902$ 一致性非常好。这两个焦距结果一般来说都有些差别,这是由于它们采用了不同的计算方法。不过,对于调整良好的光学系统而言,这两个数值应当非常接近。在这个例子中,误差大约是 $1:5000$,这与计算的 4 位有效精度是一致的。

### 6.2.2 探测器的高斯配准误差

在上面提到的四元件的红外接收仪中,探测器上初始配准误差的测量结果为 0.006395 英寸(见 3.2.5.2 节)。高斯焦距在探测器稍前一点。在计算中考虑放大率的影响时,配准误差就是 $s'$ 列的最终值。对于装调非常好的系统,这个值将会是 0.000000。由光学指标,我们知道系统的有效焦距为 $-51.579012$ 英寸。因此,初始的配准误差表示的就是近轴焦面和最佳焦面的差。在图像位置上,这个不确定度大约是 $1:10000$。这和物理光学指标数据中 $3{\sim}5$ 位的有效精度是一致的。

### 6.2.3 叠加验证

在准备好光机约束方程后,工程师可以进行一个快速检查,确认影响系数是否一致。沿着主对角线,从 $Tx_i/Tx_n$ 到 $Rz_i/Rz_n$,所有元件的这些数值的和都应该等于零。假设系统中包含物体和探测器共有 $n$ 个元件,则对角项为

$$\sum Tx_i/Tx_n = 0.0$$

$$\sum Ty_i/Ty_n = 0.0$$

$$\sum Tz_i/Tz_n = 0.0$$

$$\sum Rx_i/Rx_n = 0.0$$

$$\sum Ry_i/Ry_n = 0.0$$

$$\sum Rz_i/Rz_n = 0.0$$

非对角项的结果为

$$\sum (\Delta M/M_i)/Tz_n = 0.0$$

对于上述红外接收仪的例子(3.2.5.4 节),所有这些项的结果为

$$\sum Tx_i/Tx_n = 0.0 - 1.0299 - 1.2607 + 0.1093 + 3.1812 - 1.0 = 0.0001$$

$$\sum Ty_i/Ty_n = 0.0 - 1.0299 - 1.2607 + 0.1093 + 3.1812 - 1.0 = 0.0001$$

$$\sum Tz_i/Tz_n = 0.0 + 1.0603 + 4.1859 - 0.4886 - 3.7576 - 1.0 = 0.0$$

$$\sum Rx_i/Rx_n = 0.0 - 1.0299 - 1.2607 + 0.1093 + 3.1812 - 1.0 = 0.0001$$

$$\sum Ry_i/Ry_n = 0.0 - 1.0299 - 1.2607 + 0.1093 + 3.1812 - 1.0 = 0.0001$$

$$\sum Rz_i/Rz_n = 1.0 + 0.0 + 0.0 + 0.0 + 0.0 - 1.0 = 0.0$$

$$\sum (\Delta M/M_i)/Tz_n = 0.0 - 0.06530 - 0.32141 + 0.05861 + 0.3281 = 0.0$$

可以看出,这些结果和分析中舍入误差是一致的。如果光学系统中有折转的话,那么,在处理过程中,应该加入适当的坐标转换。

### 6.2.4 刚体叠加

对光机约束方程一个更为全面的质量检查,就是把整个系统转动某个角度,一般来说是 1.0rad。很显然,所有元件的转动量应该都是 1.0rad。而每个元件在 $Y$ 轴方向的位移,则取决于该元件到转动中心的距离。

在 $-2x$ 标线投影仪(3.1.1 节)的例子中,把系统绕 CCD 的 $X$ 轴转动 1.0rad。这样,系统中每个元件在 $Y$ 轴方向的位移(图 6.5)分别为

$$Ty_{(标线)} = -677.5\text{mm}$$

$$Ty_{(透镜)} = -452.5\text{mm}$$

$$Ty_{(CCD)} = 0.0\text{mm}$$

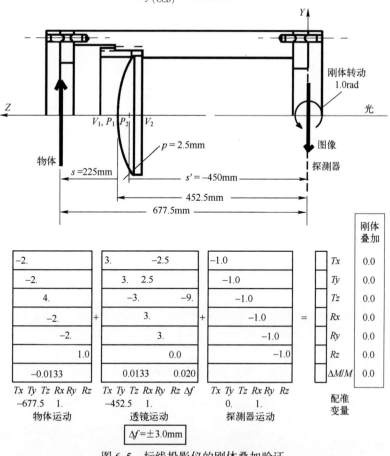

图 6.5 标线投影仪的刚体叠加验证

99

转动产生的配准误差为

$$\sum Tx_i/Tx_n = 0.0$$

$$\sum Ty_i/Ty_n = 0.0$$

$$\sum Tz_i/Tz_n = 0.0$$

$$\sum Rx_i/Rx_n = 0.0$$

$$\sum Ry_i/Ry_n = 0.0$$

$$\sum Rz_i/Rz_n = 0.0$$

$$\sum (\Delta M/M_i)/Tz_n = 0.0$$

这些结果和分析中舍入精度是一致的。这个方法也可以检查和透镜主点厚度 $p$ 有关的离轴项的精度。

这个方法和经常用来验证结构有限元模型的"刚体检查"非常类似。如果把光机约束方程合并到有限元模型中,那么,有限元模型的刚体检查方法,也是一个很好的验证方式。

另外一个刚体叠加的例子,是关于红外接收仪的。如果系统绕探测器的 $X$ 轴转动 1.0rad(图 6.6),那么每个元件的转动都是 1.0rad,并且它们的平动分别为

$$Ty_1 = -64.25 \text{ 英寸}$$

$$Ty_2 = -55.49 \text{ 英寸}$$

$$Ty_3 = -35.62 \text{ 英寸}$$

$$Ty_4 = -22.31 \text{ 英寸}$$

$$Ty_d = 0.0 \text{ 英寸}$$

把这些平动和转动施加到红外接收仪上(图 6.7),那么图像与探测器之间的配准误差为

$$\sum Tx_i/Tx_n = 0.0$$

$$\sum Ty_i/Ty_n = 51.59 \text{ 英寸}$$

$$\sum Tz_i/Tz_n = 0.0$$

$$\sum Rx_i/Rx_n = 0.0$$

$$\sum Ry_i/Ry_n = 0.0$$

$$\sum Rz_i/Rz_n = 0.0$$

$$\sum (\Delta M/M_i)/Tz_n = 0.0$$

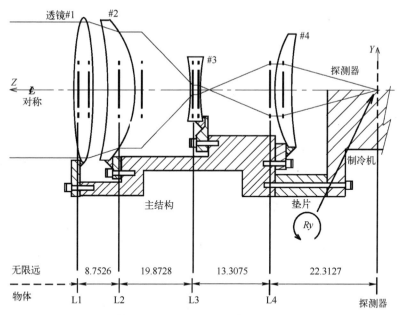

STATIC ANALYSIS SUBCASE NO. 1:    ROTATED ABOUT THE X AXIS AT THE DETECTOR

| NODE | X TRANS | Y TRANS | Z TRANS | X ROT | Y ROT | Z ROT |
|------|---------|---------|---------|-------|-------|-------|
| 1 | 0.0000E-01 | -6.4246E+01 | 0.0000E-01 | 1.0000E+00 | 0.0000E-01 | 0.0000E-01 |
| 2 | 0.0000E-01 | -5.5493E+01 | 0.0000E-01 | 1.0000E+00 | 0.0000E-01 | 0.0000E-01 |
| 3 | 0.0000E-01 | -3.5620E+01 | 0.0000E-01 | 1.0000E+00 | 0.0000E-01 | 0.0000E-01 |
| 4 | 0.0000E-01 | -2.2313E+01 | 0.0000E-01 | 1.0000E+00 | 0.0000E-01 | 0.0000E-01 |
| 5(d) | 0.0000E-01 | 0.0000E-01 | 0.0000E-01 | 1.0000E+00 | 0.0000E-01 | 0.0000E-01 |

图 6.6　红外接收仪 $Ry$ 运动产生的刚体位移

　　注意到,物体位于无限远处,没有包括在上述分析中,因此,假设它是不动的。结果就是探测器上的图像随着仪器转动而移动。转动 1.0rad 时,这个运动在数值上应该等于系统的焦距,由高斯特性可知焦距为$-51.579012$英寸。坐标系的符号从"$-$"变为"$+$"。

　　这些结果也和刚体叠加分析中舍入误差是一致的,亦即 1∶5 000。

## 6.3　系统偏差分数

　　这部分描述如何使用单个元件的特性(也就是影响系数和偏差分数)来定量化该元件和系统图像之间的系统非线性因素的大小。在第 2 章已经介绍了定量化单个元件影响系数非线性因素大小的偏差分数。

　　在关联元件的 $Z$ 轴运动 $Tz_1$、焦距变化 $\Delta f$、系统图像的 $Z$ 轴运动 $Tz_i$ 及大小变化 $\Delta M/M$ 时的影响系数中(参见 2.2.8 节和 2.2.9 节),都会出现非线性项。

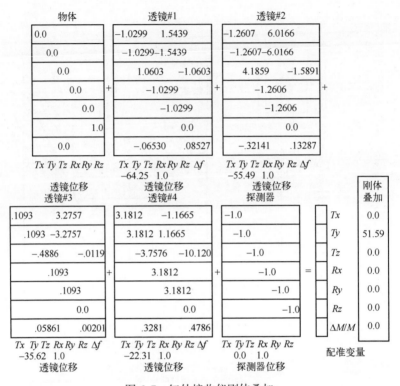

图 6.7 红外接收仪刚体叠加

这里将描述元件 $Z$ 轴运动 $Tz_1$ 产生的影响。影响函数 $Tz_i$ 和 $\Delta M/M$ 在某种程度上是不同的,需要分别处理。关于元件焦距变化 $\Delta f$ 的影响,将在下面描述的 $Tz_1$ 过程中介绍。

### 6.3.1 系统图像 $Z$ 轴运动的偏差分数

在四元件系统影响函数的表达式中(3.2.2 节 $A\sim K$),表达式 $C$ 定义了系统第一个透镜 $Z$ 轴运动在探测器上产生的像移 $Tz_1$,即

$$Tz_i/Tz_1 = (1-M_1^2)(M_2^2)(M_3^2)(M_4^2)$$

可以简化为

$$Tz_i/Tz_1 = (1-M_1^2)(M_2^2)(M_3^2)(M_4^2) = c_1c_2c_3c_4 \equiv C_{Tz_i}$$

式中:小写字母 $c_n$ 分别为 4 个透镜中相应元件的影响系数,$C_{Tz_i}$ 表达式的值,就是光机约束方程(3.2.2 节)中的一个影响系数。

透镜沿 $Z$ 轴方向运动产生的像移是一个非线性的影响函数,它完整的表达式形式如下所示:

$$Tz_i/Tz_1 = [c_1/(1+e_1)][c_2/(1+e_2)][c_3/(1+e_3)][c_4/(1+e_4)] \equiv \text{IF}_{Tz_i}$$

式中:小写字母$e_n$为相应元件对其图像影响系数的偏差分数;$\text{IF}_{Tz_i}$为整个系统的影响系数。

把完整的影响系数表达式重新排列,得

$$\text{IF}_{Tz_i} = [c_1 c_2 c_3 c_4]/[(1+e_1)/(1+e_2)(1+e_3)(1+e_4)]$$
$$= C_{Tz_i}/[(1+e_1)/(1+e_2)(1+e_3)(1+e_4)]$$

其中,$C_{Tz_i}$是第一个透镜对系统图像的影响系数。如果$e_1, e_2, e_3, e_4 \ll 0$,那么两个或者更多偏差分数的积将会是个非常小的数,可以忽略。基于此,这个例子中的影响函数可以重新写为

$$\text{IF}_{Tz_i} = C_{Tz_i}/(1+e_1+e_2+e_3+e_4)$$

从第1章中给出的影响函数的定义,即

$$\text{IF}_j = c_j/(1+e_j)$$

故如果$E_{Tz_i}$是第一个透镜对系统图像的偏差分数的话,它也满足:

$$\text{IF}_{Tz_i} = C_{Tz_i}/(1+E_{Tz_i}) = C_{Tz_i}/(1+e_1+e_2+e_3+e_4)$$

也就是说

$$(1+E_{Tz_i}) = (1+e_1+e_2+e_3+e_4)$$

偏差分数也就是:

$$E_{Tz_i} = e_1+e_2+e_3+e_4$$

系统偏差分数的表达式可以用2.2节建立的单个透镜元件的偏差分数来评估,即

$$e_1 = -M_1^3[Tz_1]/(f_1+M_1-f_1 M_1^2)$$
$$e_2 = -M_2[(1-M_1^2)Tz_1]/f_2$$
$$e_3 = -M_3[(M_2^2(1-M_1^2)Tz_1]/f_3$$
$$e_4 = M_4[(M_3^2 M_2^2(1-M_1^2)Tz_1]/f_4$$

应该注意的是,中括号[ ]中的项是待计算的特定偏差分数在局部$Z$轴方向的位移。例如对于$e_1$,这个项就是透镜1的位移$Tz_1$。对于$e_2$,就是透镜1自身的运动产生的透镜1的像移$(1-M_1^2)Tz_1$(也就是透镜2的物体运动)。对于$e_3$和$e_4$,则分别是透镜1自身运动导致透镜2和透镜3产生的像移,也就是透镜3和透镜4的物体运动,即$(M_2^2(1-M_1^2)Tz_1$和$(M_3^2 M_2^2(1-M_1^2)Tz_1$。所有这些局部位移都是根据待评估透镜的局部位移$Tz_1$来计算,在这个例子中待评估透镜也就是透镜1。

## 6.3.2　系统图像大小的偏差分数

在四元件系统影响函数的表达式中(3.2.2节),同时可以看到,表达式$J$定

义了系统中第一个透镜 $Z$ 轴运动 $Tz_1$ 在探测器上产生的图像大小的变化 $\Delta M/M$，即

$$\frac{\Delta M}{MTz_1} = -\left(\frac{M_1}{f_1}\right) + (1-M_1^2)\left(\frac{M_2}{f_2}\right) + M_2^2(1-M_1^2)\left(\frac{M_3}{f_3}\right) + M_3^2 M_2^2 (1-M_1^2)\left(\frac{M_4}{f_4}\right)$$

如果指定 $c_n'$ 为配准变量 $\Delta M/M$ 的影响系数，而 $c_n$ 为配准变量 $Tz_i$ 的影响系数，那么上述方程可以重新写为

$$\frac{\Delta M}{MTz_1} = c_1' + c_1 c_2' + c_1 c_2 c_3' + c_1 c_2 c_3 c_4' \equiv C_{\Delta M/M}$$

式中：$C_{\Delta M/M}$ 为透镜 1 沿着 $Z$ 轴方向的运动和探测器上图像大小变化之间的影响系数，是光机约束方程输出报告中的一个影响系数。

透镜元件沿着 $Z$ 轴方向的平动导致的图像大小的变化，是一个非线性影响函数。如果 $e_n$ 和 $e_n'$ 分别指定为影响系数 $c_n$ 和 $c_n'$ 的偏差分数，那么，完整的影响函数可以写为

$$\frac{\Delta M}{MTz_1} = \frac{c_1'}{1+e_1'} + \frac{c_1 c_2'}{(1+e_1)(1+e_2')} + \frac{c_1 c_2 c_3'}{(1+e_1)(1+e_2)(1+e_3')}$$
$$+ \frac{c_1 c_2 c_3 c_4'}{(1+e_1)(1+e_2)(1+e_3)(1+e_4')}$$

如果 $e_n, e_n' \ll 1.0$，那么两个或者更多偏差分数的积将会是个很小的数，可以忽略。基于此，这个例子中的影响函数可以化简为

$$\frac{\Delta M}{MTz_1} = \frac{c_1'}{1+e_1'} + \frac{c_1 c_2'}{1+e_1+e_2'} + \frac{c_1 c_2 c_3'}{1+e_1+e_2+e_3'} + \frac{c_1 c_2 c_3 c_4'}{1+e_1+e_2+e_3+e_4'}$$
$$\equiv IF_{\Delta M/M}$$

式中：$IF_{\Delta M/M}$ 为透镜 1 沿着 $Z$ 轴运动和探测器上图像大小变化之间完整的影响函数。

如上所述，影响函数 $IF_{\Delta M/M}$ 的值可以根据单个光学元件的影响系数 $c_n$ 和 $c_n'$ 和偏差分数 $e_n$ 和 $e_n'$ 来计算。在第 1 章中，影响函数的定义形式为

$$IF_j = \frac{c_j}{1+e_j}$$

重新排列，得

$$e_j = \frac{c_j}{IF_j} - 1$$

根据单元 1 系统级的影响系数 $C_{\Delta M/M}$ 和影响函数 $IF_{\Delta M/M}$，可以确定单元 $Z$ 轴运动和探测器上图像大小变化之间影响函数的偏差分数（具体见 1.1 节），具体形式如下：

$$E_{\Delta M/M} = \frac{C_{\Delta M/M}}{IF_{\Delta M/M}} - 1$$

可以看到,根据单个光学元件的影响系数和偏差分数,可以唯一确定透镜 1 沿 $Z$ 轴运动 $T_{z_1}$ 和探测器上图像大小变化 $\Delta M/M$ 之间影响函数的偏差分数 $E_{\Delta M/M}$。

### 6.3.3 系统偏差分数汇总

每个具有光焦度的光学元件,都具有 4 个非线性影响函数。其中两个影响图像位置 $T_{z_1}$(也就是焦距),另外两个影响图像的大小 $\Delta M/M$(也就是放大率)。光学元件沿 $Z$ 轴方向的平动(具体描述见 6.3.2 节),和由于尺寸和属性变化导致的光学元件焦距的变化(这里没有给出介绍),都会影响到图像的这两个特性。一般而言,系统焦距变化 $T_{z_1}$ 的非线性比放大率变化 $\Delta M/M$ 的非线性更容易评估,不过,如上所述,这两个都是由单个元件的影响函数决定的(影响系数和偏差分数)。本章我们描述了一个元件沿着 $Z$ 轴平动产生的非线性影响。对于焦距变化产生的非线性影响,采用同样的过程来评估。

# 第7章 应　　用

本章将考虑光机约束方程 3 个不同的应用案例,旨在解决光机系统设计分析以及制造过程中令人棘手的难题。第一个应用是一个光学相关器,这个产品已经完成了光学设计,但是在实验阶段遇到了问题。利用光机约束方程首先确定了相关器性能关于系统中所有尺寸和热变量的灵敏度,然后据此使得相关器的性能达到最优,并且使得制造过程装配和测试工作量降到了最低。

在第二个应用中,讨论了一个光纤扩频编码器系统,为了光纤通信的安全,在环境测试过程中采用了 60% 的传输损失率,而最大许可的损失率是 10%。利用光机约束方程建立了光机热特性和系统传输效率 $\eta$ 之间的模型。通过这个模型,识别出了对损失率贡献最大的因素,在设计修改后使系统性能满足了要求。

最后一个应用讨论了一套安装在机载二轴平衡架装置上的仪器,它们对指向要求非常严苛。为解决这个问题,把光机约束方程合并到了平衡架上成像仪、激光以及激光接收器的 NASTRAN 有限元模型中。然后,工程师就可以利用这个有限元模型指导平衡架初始的 CAD 设计,最终使系统的指向稳定性达到了规定指标的要求。

## 7.1　光学成像相关器

在设计这个光学成像相关器时,使用了光机约束方程。虽然相关器是基于衍射效应实现其功能的,不过,通过精密的装调把两个成像系统折叠,也可以实现同样的效果,如图 7.1 所示。第一个系统 $A_1$ 从激光二极管光源 LD1 出发,到达第二个空间光调制器 SLM2。

在 $A_1$ 的列表 7.1 中,共有 16 个表面,其中包括激光二极管(物体)以及第二个空间光调制器(探测器)。$A_1$ 的功能就是把衍射波前从 SLM1 传递到 SLM2,并且具有一个清晰的焦面和数值孔径。

第二个系统 $A_2$ 从 SLM1 经过 SLM2 到达探测器。在 $A_2$ 的列表 7.2 中,共有 22 个表面,其中包括第一个空间光调制器(物体)和 CMOS 探测器(探测器)。SLM2

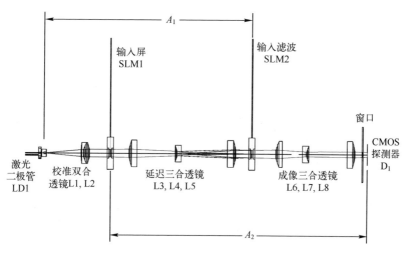

图 7.1 光学成像相关器

表 7.1 $A_1$ 成像系统的物理光学指标

| 表　面 | 元　件 | 半径/mm | 折射率 | 厚度/mm | 类　型 |
|---|---|---|---|---|---|
| 1 | Obj. | Inf. | 1 | 18.185 | Obj. |
| 2 | 1 | −33.6 | 1.612 | 1.100 | Lens |
| 3 | 1 | −8.5 | 1 | 0 | Lens |
| 4 | 2 | −8.5 | 1.514 | 3.2 | Lens |
| 5 | 2 | 11.97 | 1 | 9.374 | Lens |
| 6 | 3 | Inf. | 1.456 | 1.4 | Wind. |
| 7 | 3 | Inf. | 1 | 8.374 | Wind. |
| 8 | 4 | −16.962 | 1.514 | 3.9 | Lens |
| 9 | 4 | Inf. | 1 | 19.7874 | Lens |
| 10 | 5 | 7.78 | 1.514 | 2 | Lens |
| 11 | 5 | Inf. | 1 | 22.7688 | Lens |
| 12 | 6 | Inf. | 1.514 | 4.2 | Lens |
| 13 | 6 | 18.155 | 1 | 7.0996 | Lens |
| 14 | 7 | Inf. | 1.456 | 0.7 | Wind. |
| 15 | 7 | Inf. | 1 | 0 | Wind. |
| 16 | Det. | Inf. | 1 | 0 | Det. |

表7.2 $A_2$ 成像系统的物理光学指标

| 表 面 | 元 件 | 半径/mm | 折射率 | 厚度/mm | 类 型 |
|---|---|---|---|---|---|
| 1 | Obj. | Inf. | 1 | 0 | Obj. |
| 2 | 1 | Inf. | 1.456 | 0.7 | Wind. |
| 3 | 1 | Inf. | 1 | 8.374 | Wind. |
| 4 | 2 | -16.962 | 1.514 | 3.9 | Lens |
| 5 | 2 | Inf. | 1 | 19.7874 | Lens |
| 6 | 3 | 7.78 | 1.514 | 2 | Lens |
| 7 | 3 | Inf. | 1 | 22.7688 | Lens |
| 8 | 4 | Inf. | 1.514 | 4.2 | Lens |
| 9 | 4 | 18.155 | 1 | 7.0996 | Lens |
| 10 | 5 | Inf. | 1.456 | 1.4 | Wind. |
| 11 | 5 | Inf. | 1 | 10.9493 | Wind. |
| 12 | 6 | -12.55 | 1.52 | 3.2 | Lens |
| 13 | 6 | Inf. | 1 | 4.4457 | Lens |
| 14 | 7 | Inf. | 1.514 | 3.55 | Wind. |
| 15 | 7 | Inf. | 1 | 3 | Wind. |
| 16 | 8 | Inf. | 1.514 | 2 | Lens |
| 17 | 8 | -7.78 | 1 | 19.7874 | Lens |
| 18 | 9 | Inf. | 1.514 | 3.9 | Lens |
| 19 | 9 | 16.962 | 1 | 3.5061 | Lens |
| 20 | 10 | Inf. | 1.514 | 0.5588 | Wind. |
| 21 | 10 | Inf. | 1 | 2.1082 | Wind. |
| 22 | Det. | Inf. | 1 | 0 | Det. |

可以作为一个窗口玻璃(表7.2中的单元5)。$A_2$ 的功能就是会聚来自 SLM1 的光线并把它传递到探测器上。$A_1$ 和 $A_2$ 光学系统中的尺寸量纲都是毫米。

把物理光学指标数据输入到 Microsoft Excel 中,在电子表格中组装光机约束方程,如图7.2所示。$A_1$ 和 $A_2$ 的方程在电子表格中重叠排列,这样,就可以同时求解两个成像系统中的配准误差。图中给出了对方程刚体检查的结果,从图中右下角可以看到,相关器通过了刚体检查,所有配准误差都是零。

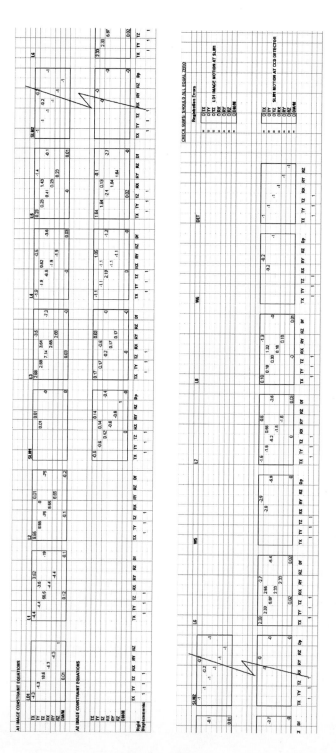

图7.2 相关器的光机约束方程

109

接下来,就是和机械设计师团队一起制定一个详细的误差分配计划。这个计划包括 4 个层级的误差:第一个层级是光学元件产品手册上给出的误差;第二个层级是把光学元件装配到支撑框中的误差;第三个是组件装配误差;第四个是把组件装配到系统时的误差。把这些误差都累加到一起,确定系统中所有元件的位置、方向以及焦距在最差情况下的误差,如图 7.3 所示。

**NET OF ALL TOLERANCES (Tabular Form)**

| Element | Tx | Ty | Tz | Rx | Ry | Rz | Df, p | Wavelength |
|---|---|---|---|---|---|---|---|---|
| LD1 | 0.455 | 0.455 | 0.455 | 0.063 | 0.063 | 0.0018 | | |
| L1,2 | 0.125 | 0.125 | 0.125 | 0.0018 | 0.0018 | 0.0018 | 0.413943508 | |
| L2 | | | | | | | | |
| W1 | 0.189965 | 0.189965 | 0.125 | 0.0036 | 0.0036 | 0.0036 | -1.25644E-06 | |
| BL1 | 0.193641 | 0.193641 | 0.125 | 0.0036 | 0.0036 | 0.0036 | | |
| W2 | 0.194198 | 0.194198 | 0.125 | 0.0036 | 0.0036 | 0.0036 | -4.4577E-07 | |
| SLM1 | 0.395025 | 0.395025 | 0.275 | 0.0036 | 0.0036 | 0.0036 | | 0.03 |
| W3 | 0.195458 | 0.195458 | 0.125 | 0.0036 | 0.0036 | 0.0036 | -4.4577E-07 | |
| BL2 | 0.196344 | 0.196344 | 0.125 | 0.0036 | 0.0036 | 0.0036 | | |
| W4 | 0.198251 | 0.198251 | 0.125 | 0.0036 | 0.0036 | 0.0036 | -1.25644E-06 | |
| L3 | 0.33825 | 0.33825 | 0.325 | 0.0036 | 0.0036 | 0.0036 | 0.654061634 | |
| L4 | 0.255887 | 0.255887 | 0.125 | 0.0036 | 0.0036 | 0.0036 | 0.14997173 | |
| L5 | 0.430465 | 0.430465 | 0.325 | 0.0036 | 0.0036 | 0.0036 | 0.700065969 | |
| W5 | 0.321244 | 0.321244 | 0.125 | 0.0036 | 0.0036 | 0.0036 | 4.953E-09 | |
| SLM2 | 0.522071 | 0.522071 | 0.275 | 0.0036 | 0.0036 | 0.0036 | | 0.03 |
| W6 | 0.322504 | 0.322504 | 0.125 | 0.0036 | 0.0036 | 0.0036 | -4.4577E-07 | |
| L6 | 0.538398 | 0.538398 | 0.5 | 0.0054 | 0.0054 | 0.0036 | 0.23907306 | |
| L7 | 0.46492 | 0.46492 | 0.25 | 0.0054 | 0.0054 | 0.0036 | 0.14997173 | |
| L8 | 0.672918 | 0.672918 | 0.45 | 0.0054 | 0.0054 | 0.0036 | 0.654061634 | |
| W7 | 0.571915 | 0.571915 | 0.25 | 0.0054 | 0.0054 | 0.0036 | -2.34115E-07 | |
| det | 0.824908 | 0.824908 | 0.65 | 0.0054 | 0.0054 | 0.0054 | | |

图 7.3  光学相关器的总误差

如表 7.3 所列,设计师团队把计算得到的配准误差和所需的精度要求对比。通过对比可以看到,不管是 $A_1$ 还是 $A_2$,$Tz$ 方向的焦距误差都是不可以接受的,会使初始装调非常困难。同时还可以看到,需要把 L3 和 L8 的焦距误差从 2% 加严到 0.5%。

表 7.3  初始装配过程中最差情况下的配准误差

| | 装配误差 | 配准精度 |
|---|---|---|
| $A_1$ 图像: | | |
| $Tx$ | 4.508229 | 0.015 |
| $Ty$ | 4.508229 | 0.015 |
| $Tz$ | 27.05065 | 0.260 |
| $Rx$ | 0.298267 | 0.144 |
| $Ry$ | 0.298267 | 0.144 |

|  | 装配误差 | 配准精度 |
|---|---|---|
| $A_1$ 系统： | | |
| $Rz$ | 0.0054 | 0.0083 |
| $\Delta M/M$ | 0.054786 | 0.0083 |
| $A_2$ 系统： | | |
| $Tx$ | 4.281985 | 0.01 |
| $Ty$ | 4.281985 | 0.01 |
| $Tz$ | 10.06271 | 0.112 |
| $Rx$ | 0.040398 | 0.062 |
| $Ry$ | 0.040398 | 0.062 |
| $Rz$ | 0.009 | 0.0055 |
| $\Delta M/M$ | 0.65066 | 0.0083 |

为了把相关器折叠成一个比较紧凑的形式,还需要评估折转平面镜对配准误差的影响。在两个系统中的每个光学元件之间都放置一个折转镜,如图 7.4 所示,重新建立光机约束方程。$A_1$ 和 $A_2$ 中折转镜对于图像配准误差的影响在表 7.4 中列出。

表 7.4　系统中的可调折转镜对 $A_1$ 和 $A_2$ 图像配准误差的敏度

| 反射镜 | $A_1$ 成像系数 | | | $A_2$ 成像系数 | | |
|---|---|---|---|---|---|---|
| | $Ty_i/Rx_m$ | $Tx_i/Ry_m$ | $Tz_i/T_vz_m$ | $Ty_i/Rx_m$ | $Tx_i/Ry_m$ | $Tz_i/T_vz_m$ |
| A | 6.30 | −89.7 | −26.2 | | | |
| **B** | **−125.0** | **−176.7** | **−0.00024** | | | |
| C | 125.2 | −177.1 | −0.00024 | 5.35 | −7.57 | −0.593 |
| D | −74.8 | −105.8 | −10.1 | −17.1 | −24.1 | −0.318 |
| **E** | **26.6** | **−37.6** | **−0.829** | **51.8** | −73.3 | −3.41 |
| F | −5.90 | −8.53 | −1.41 | −81.6 | −115,4 | −0.0116 |
| G | | | | 80.3 | −113.6 | −0.0116 |
| H | | | | **−56.0** | **−79.2** | **−8.31** |
| I | | | | **21.8** | **−30.9** | **−0.951** |
| J | | | | −3.93 | −5.56 | −1.41 |

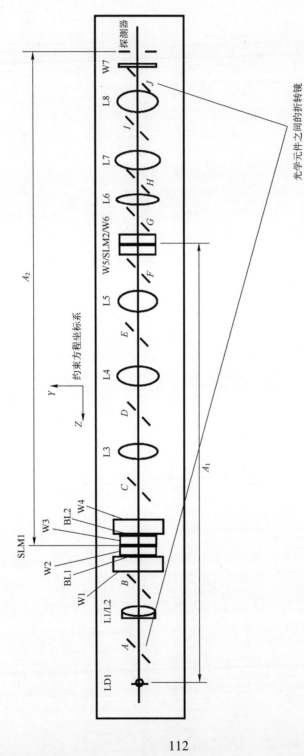

图7.4 在所有光学元件之间都插入一个折转镜

112

选择表中黑体显示的反射镜 B 和 E,来折转 $A_1$ 成像系统,调整它和空间光调制器之间的配准误差。同样,在 $A_2$ 成像系统中,选择黑体加亮的反射镜 H 和 I 来折转光路,最终在探测器成像。注意到,反射镜 E 同时也会影响到 $A_2$ 系统的光路;这些影响需要通过反射镜 H 和 I 来修正。如图 7.5 所示,重新把这 4 个反射镜编号为 $M_1 \sim M_4$。

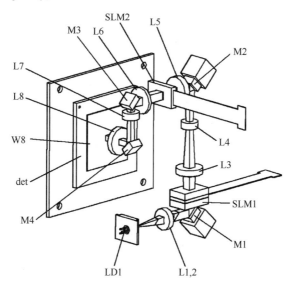

图 7.5 光路折转后光学相关器的布局

$M_1$ 和 $M_2$ 对于调整空间光学调制器在 $Tx,Ty$ 和 $Rz$ 方向的误差很关键。$M_1$ 决定了 $Tx$ 和 $Ty$ 的对准,而 $M_2$ 则决定了 $Rz$ 的对准。在表 7.5 中概述了 $A_1$ 装调问题的解决方案,其中给出了两个反射镜关于 $A_1$ 图像的影响系数,和基于该影响系数装配每个反射镜时所需要的调节能力,以及为满足装调要求实际需要达到的性能。反射镜 M1 组件"达到"的分辨率,只是一个近似估计,不过,实际上也已证明了它在所要求的 8.5μrad 以下。为了保证系统正常工作,$M_1$ 和 $M_2$ 反射镜的支座需要通过定制化设计来满足装调和稳定性的要求。

最后,利用光机约束方程来选择光具座的材料。在电子表格软件中用光机方程研究了热效应的影响。在电子表格中列出了金属基座和玻璃的热膨胀属性,同时,也列出了玻璃的 dn/dT 数值。利用光具座的热膨胀,计算元件之间空气间隔的变化量。使用玻璃的热膨胀和 dn/dT 属性计算每个透镜元件随温度变化时焦距的变化情况。然后,把这些数据输入到光机约束方程中,计算焦距的热敏度 $Tz/\Delta T$ 和图像尺寸变化的热敏度 $\Delta M/M\Delta T$(代表数值口径),表 7.6 中列出了这些数据。

表 7.5　M1 和 M2 对于 $A_1$ 图像配准误差的影响系数

| 配准变量 | | | | | | | | | | | | |
|---|---|---|---|---|---|---|---|---|---|---|---|---|
| $Tx$ | | | | 125.0 | | | | | | −26.6 | | |
| $Ty$ | | 0.0184 | −176.8 | | | | | | 1.083 | −37.6 | | |
| $Tz$ | | −0.00024 | | | | | | | −0.829 | | | |
| $Rx$ | | | | | | | | | −1.53 | | | |
| $Ry$ | | | | 0.018 | | | | | | 1.083 | | |
| $Rz$ | | | | 1.414 | | | | | | 1.414 | | |
| $\Delta M/M$ | | 0.000298 | | | | | | | −0.031 | | | |

| $Tx$ | $Ty$ | $Tz$ | $Rx$ | $Ry$ | $Rz$ | $Tx$ | $Ty$ | $Tz$ | $Rx$ | $Ry$ | $Rz$ |
|---|---|---|---|---|---|---|---|---|---|---|---|
| | | | $M_1$ 运动 | | | | | | $M_2$ 运动 | | |
| 设计要求： | | | $Rx$ | $Ry$ | | − | | | $Rx$ | $Ry$ | |
| 行程±毫弧度 | | | 8.5 | 11.1 | | | | | 42 | | |
| 分辨率±微弧度 | | | 8.5 | 12. | | | | | 589. | | |
| 实际性能： | | | | | | | | | | | |
| 行程±毫弧度 | | | 17. | 17. | | | | | 52. | 52. | |
| 分辨率±微弧度 | | | 0.26 | 0.26 | | | | | 556. | 556. | |

表 7.6　$A_1$ 和 $A_2$ 图像配准误差关于光具座材料的灵敏度

| 光具座材料 | Al | CRES | Ti | Invar |
|---|---|---|---|---|
| $A_1$ | | | | |
| $Tz/\Delta T(\mathrm{mm/℃})$ | −0.023 | −0.013 | −0.012 | −0.0053 |
| $\Delta M/M\Delta T(/℃)$ | 0.00030 | 0.00032 | 0.00033 | 0.00034 |
| $A_2$ | | | | |
| $Tz/\Delta T(\mathrm{mm/℃})$ | −.00041 | −0.0039 | −0.0039 | −0.0038 |
| $\Delta M/M\Delta T(/℃)$ | 0.00036 | 0.00036 | 0.00036 | 0.00036 |

　　不锈钢(CRES)光具座在预期的环境内具有足够的稳定性,因此,可以避免采用昂贵的钛合金或者殷钢材料的光具座。最终的设计如图 7.6 所示,已经成功地完成了制造、测试,并投入到应用中。这个设计减少了 2/3 的装配时间,运行功率减少了 6dB。同时,光机约束方程(如 6.1 节)和物理测试数据以及 Zemax 光学设计软件的结果具有非常好的一致性。

114

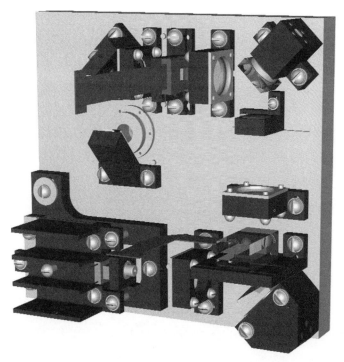

图 7.6　光学相关器的最终构型

## 7.2　光纤扩频编码器

利用光机约束方程,使一个光纤扩频编码器在温度变化影响下能够稳定工作。在这个光纤扩频编码器中,如图 7.7 所示,首先校准来自输入光纤的光线(波长 1.541μm),并把它分割成 P 和 S 偏振光。通过一个衍射光栅散射并把光谱重新聚焦到一个对其编码的空间滤波器(掩模)上。然后,把编码后的光谱重新校准,在另外一个光栅上重新合并衍射级。最后,通过一个汇聚透镜把光线输入到输出光纤。

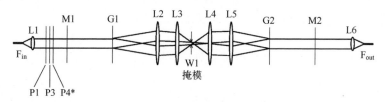

图 7.7　光纤扩频编码器

115

编码器的机械布局如图 7.8 所示。输入的单模光纤的辐射在透镜 L1 校准，然后通过一系列光束分离器(P1~P4)分割成 P 和 S 两个偏振态。在通过光束分离器后，光线通过一个反射镜 M1 射入到光栅 G1，由此把辐射中包含的光谱散射出去。散射的光谱然后通过透镜 L2 和 L3 在编码掩模 W1 上聚焦。重新合并的辐射光线然后通过反射镜 M2 指向汇聚透镜 L6，由此光束进入输出的单模光纤中($F_{out}$)。

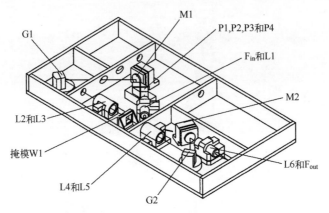

图 7.8　光纤扩频编码器的机械布局

光具座的平面形状长 431.8mm、宽 228.6mm，该布置是为了容纳编码组件的一个复制通道(S 偏振态)，即图 7.8 所示的(P 偏振态)装置的镜像。这两个通道对输入辐射的正交偏振态进行编码，并公用输入光纤 $F_{in}$ 和校准透镜 L1 以及部分光束分离器阵列 P1~P4。

单模光纤内核直径大约为 9.1μm，输入光纤 $F_{in}$ 在输出光纤 $F_{out}$ 以单位放大率成像(也就是说输出光纤图像和输入相同，直径都是 9.1μm)。为了保证和输出光纤中图像功率的有效耦合，图像和输出光纤之间的配准误差相对于光纤直径来说必须要足够小。光路长度大约为 0.75m。

机械工程师的挑战之一，就是使得光纤输出端 $F_{out}$ 把 1.54μm 的光线再发射入光纤网络的效率 $\eta$ 最大化。早期的热测试暴露了以下问题：最佳测试样品在 25~45℃之间效率下降到 40%，如图 7.9 所示。这个效率损失被认为是太大了。

通过如下三步进行了热弹性光学分析：首先，根据编码器元件的物理光学指标，准备它的光机约束方程。基于光学元件位置、方向以及属性的变化情况，利用约束方程，计算了相对于输出光纤(配准误差)输入光纤图像的位置、大小以及尺寸变化；其次，按照手册中给出的公式，由配准误差计算输出光纤中的耦合

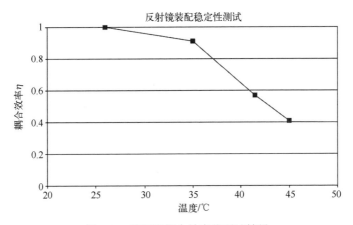

图 7.9　编码器耦合效率热测试结果

效率;最后,建立一个简单的有限元模型,计算系统中所有光学元件的位置和方向的改变量。

　　如图 7.10 所示建立了编码器的有限元模型,由此精确计算系统中所有光学元件主点的机械位移和转动量。在刚体和均匀温升检查中,模型表现良好,在静态重力检查中,也给出了合理的变形值。基频和实验室测试结果符合性也很好。

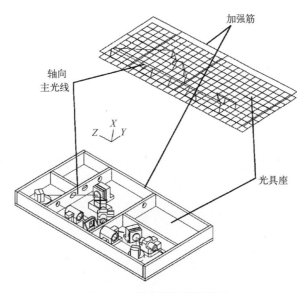

图 7.10　编码器热弹性模型

使用计算机电子表格软件(Microsoft Excel)处理这些计算工作,把光机约束方程(包括光学特性随温度的变化)以及耦合效率方程都记录在电子表格中。在电子表格中预留一个区块,以便复制有限元分析输出的位移矢量。挨着有限元位移数据,同时也输入分析的温度。电子表格把所有这些解释性的计算和准备图形输出的操作都自动化了。分析者只需做3个工作:①准备光机约束方程;②运行有限元模型;③打印图形输出数据。在图 7.11 给出了分析结果,并把它和早期测试结果进行了对比。

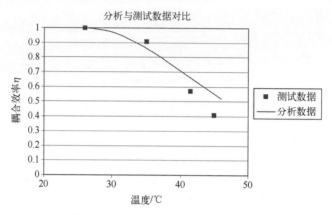

图 7.11　编码器的分析与测试结果对比

光机约束方程优势之一,就是所有的计算都是开放的,都可以进行检查。如表 7.7 所列,通过对电子表格中单个贡献者的检查,可以找到对耦合损失效率贡献最大的两个元件。贡献最大的元件是折转镜支座,其中调整螺栓是不锈钢的,而其他部分都是铝合金的。把不锈钢螺栓用铝合金(和支座同种材料的铝合金)替换,这样可以使得耦合效率从 0.522 上升到 0.846。

表 7.7　对编码器耦合损失贡献情况

| 配准变量 | 贡 献 情 况 | | | |
|---|---|---|---|---|
| | 总误差 | 反射镜支撑 | 铝合金支座 | 透镜热膨胀 |
| $Tx$ | 0.003443 | 0.003443 | | |
| $Ty$ | 0.000312 | $1.51 \times 10^{-6}$ | | |
| $Tz$ | 0.035492 | | 0.040696 | $-0.00518$ |
| $Rx$ | $2.72 \times 10^{-11}$ | | | |
| $Ry$ | $4.97 \times 10^{-12}$ | | | |
| $Rz$ | $-2.7 \times 10^{-16}$ | | | |

118

| 配准变量 | 贡 献 情 况 | | | |
|---|---|---|---|---|
| | 总误差 | 反射镜支撑 | 铝合金支座 | 透镜热膨胀 |
| $\Delta M/M$ | 0.00594 | | 0.005715 | 0.000225 |
| $\eta$（计算） | 0.522 | | | |
| $\eta$（稳定支撑） | | 0.846 | | |
| $\eta$（CRES 支座） | | | 0.985 | |

在表格中,同时还列出了透镜热灵敏度和铝合金光具座热膨胀变形的贡献。由于它们对 $Tz$ 误差贡献的符号相反,因此,对光具座选择合适的低热膨胀材料,就有可能消除透镜热灵敏度的影响。如果使用 416 不锈钢(消除透镜热影响的一个匹配很好的材料),配准误差 $Tz$ 降低将会超过 70%。加上反射镜支座的修改,耦合效率将会达到 0.985。

## 7.3　红外成像仪

使用光机约束方程,设计内平衡架(俯仰架)结构,以安装包括一个红外成像仪在内的套仪器,如图 7.12 所示。

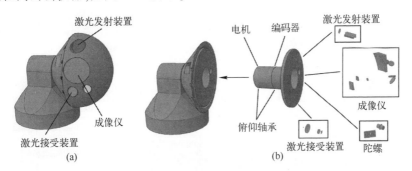

图 7.12　红外仪器

(a) 外视图;(b) 分解图(源自文献[8])。

在初步工作中已经在 CAD 软件中定义了内框架的轮廓,成像仪、激光以及激光接收仪的光学物理指标也由 Code V 软件给出。现在的任务是在随机振动环境中,必须把仪器的视轴(LOS)稳定在 10μrad(rms)以下。其中,成像仪的稳定性被认为是最难处理的工作,因此,先从解决这个问题入手。安装内框架的隔振平台,共振频率为 25Hz,峰值振动传输效率为 2.5。在感兴趣的频段范围内,随机响应大约为 1.0$g$(rms)($g$ 是加速度常数,1.0$g$ = 9.8m/s²)。因此,决定首先在 1.0$g$ 静态重力条件下实现成像仪的稳定设计。

成像仪的光学设计在 Code V 中完成，如图 7.13 所示。物理光学指标的单位

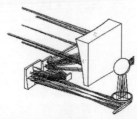

| ELT NO. | SUR NO. | SURFACE DESCRIPTION RADIUS X | Y | SHAPE | THICKNESS OR SEPARATION | APERTURE DESCRIPTION DIMENSION X | Y | SHAPE | MATERIAL |
|---|---|---|---|---|---|---|---|---|---|
| OBJECT | | INF | | FLT | INFINITY | | | | |
| | | | | | 1.3000 | | 7.405 | CIR | |
| | | | | | 0.0000 | | 7.417 | CIR | |
| | | | | | 0.0000 | | 7.417 | CIR | |
| | | | | | 4.4564 | | 7.417 | CIR | |
| 1 | 1 | -10.6445 | | A-1 | -4.4555 | 3.400 | 2.798 | C-1 | REFL |
| 2 | 2 | -3.4340 | | A-2 | 1.5854 | 0.900 | 0.634 | C-2 | REFL |
| 3 | 3 | INF | | FLT | -2.8516 | 0.500 | 0.338 | C-3 | REFL |
| 4 | 4 | 5.3737 | | A-3 | 7.3000 | 1.540 | 1.240 | C-4 | REFL |
| | | DECENTER( 1) | | | | | | | |
| 5 | 5 | INF | | FLT | 0.0000 | | 1.316 | CIR | REFL |
| | | BEND( 1) | | | | | | | |
| | | | | | -0.5020 | | 1.161 | CIR | |
| 6 | 6 | -2.7639 CX | | SPH | -0.1351 | | 1.241 | CIR | GERMMW |
| | | HOLOGRAM( 1) | | | | | | | |
| 6 | 7 | -3.9269 | | A-4 | -2.0528 | | 1.206 | CIR | |
| | | DECENTER( 2) | | | | | | | |
| 7 | 8 | INF | | FLT | 2.0528 | | 1.026 | CIR | REFL |
| | | BEND( 2) | | | | | | | |
| 8 | 9 | 1.8290 CX | | SPH | 0.1621 | | 0.745 | CIR | GERMMW |
| | | HOLOGRAM( 2) | | | | | | | |
| 8 | 1 | | | | | | | | |
| 9 | 1 | | | | | | | | |
| 9 | 1 | | | | | | | | |
| | 1 | | | | | | | | |
| 10 | 1 | | | | | | | | |
| 10 | 1 | | | | | | | | |
| IMAG | | | | | | | | | |

```
4b.DAT - WordPad
File  Edit  View  Insert  Format  Help

Surf Elem Radius    Index    Thickness   Type       f1          f2          f3          f4
 1   obj  inf       AIR      inf         obj    1.0000000   0.0000000   0.0000000   0.0000000
 2   1    10.6445   AIR      4.4555      MIRR   0.0000000   0.0000000   0.0000000   0.0000000
 3   2    -3.434    AIR      1.5854      MIRR   0.0000000   0.0000000   0.0000000   0.0000000
 4   3    inf       AIR      2.8516      MIRR   0.0000000   0.0000000   0.0000000   0.0000000
 5   4    5.3737    AIR      7.3         MIRR   0.0000000   0.0000000   0.0000000   0.0000000
. MIRROR ANGLES ADDED TO IRD79\4.DAT FROM 5H.OUT.1
 6   5    inf       AIR      .502        MIRR   45          0.0000000   0.0000000   0.0000000
 7   6    -2.7639   GERM     .1351       LENS   0.0000000   0.0000000   0.0000000   0.0000000
 8   6    -3.9269   AIR      0.0         LENS   0.0000000   0.0000000   0.0000000   0.0000000
 9   7    inf       AIR      2.0528      PARA   -175.279    0           0           0
10   8    inf       AIR      2.0528      MIRR   45          90          0.0000000   0.0000000
11   9    -1.829    GERM     .1621       LENS   0.0000000   0.0000000   0.0000000   0.0000000
12   9    -6.8715   AIR      0.0         LENS   0.0000000   0.000000    0.0000000   0.0000000
13   10   inf       AIR      .4369       PARA   60.1751
14   11   inf       SAPH     .04         WIND   0.0000000
15   11   inf       AIR      1.195       WIND   0.0000000
16   12   inf       GERM     .04         WIND   0.0000000
17   12   inf       AIR      .2922       WIND   0.0000000
18   det  inf       AIR      0.0         det

For Help, press F1
```

```
4b.IND - WordPad
File  Edit  View  Insert  Format  Help

MATERIAL   INDEX
AIR        1.0
GERM       4.021147
SAPH       1.661519

For Help, press F1
```

图 7.13　红外成像仪光学指标

为英寸。利用 Ivory 光机建模工具软件由这些光学指标数据建立光机约束方程。Ivory 产生两个输出文件：imager.out 文件包含了光机约束方程，其格式可以输入到 Mcrosoft Excel 中；imager.nas 文件包含了同样的信息，其格式可输入到 NAS-TRAN 有限元模型中。

成像仪的 *.stp 文件从 Code V 输入到 PATRAN 中，用实体单元划分网格，如图 7.14 所示。Imager.nas 文件也输入到 PATRAN 中，并和光学元件的实体单元连接在一起。这样，不管何时，只要光学元件移动，探测器上的图像也会同时移动。在 PATRAN 软件中光学元件周边用梁单元加了"框"，以模拟每个光学元件的支撑框，如图 7.15 所示。

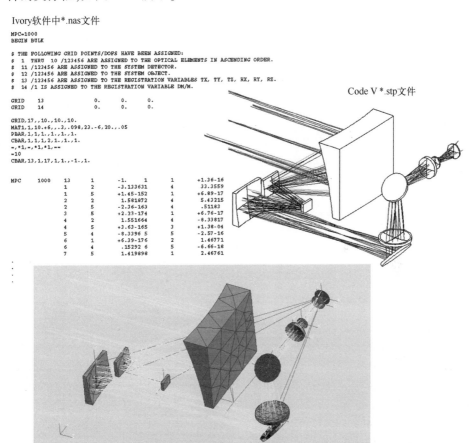

图 7.14　光学模型及 PATRAN 中的光机约束方程（文献［8］）

121

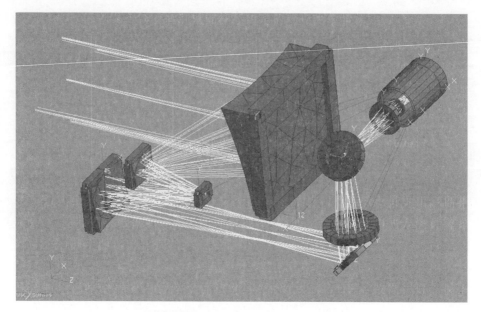

图 7.15　PATRAN 中的光学元件及其支撑框

　　然后,把初步内框结构的 CAD 实体模型导入到 PATRAN 中,如图 7.16(a)所示,其中在 CAD 模型上划分了网格,并加上了光学结构框。接下来,用壳单元划分内框的 CAD 模型以模拟外壳的厚度,如图 7.16(b)所示。光学元件的结构框用多个梁单元和内框结构连接在一起,如图 7.17(a),(b)所示。这个构型是成像仪在内框结构上完整的光机模型。

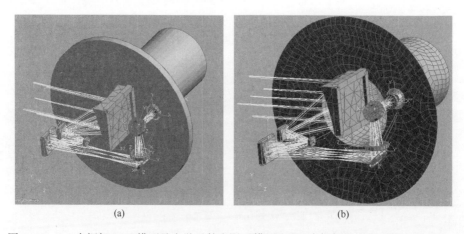

(a)　　　　　　　　　　　　　　　(b)

图 7.16　(a)内框架 CAD 模型及光学元件有限元模型和(b)内框架及光学元件有限元模型

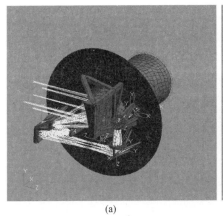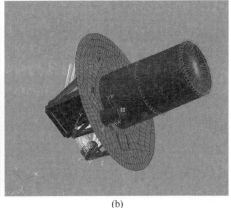

(a)　　　　　　　　　　　　　(b)

图 7.17　(a) 光学元件最初安装在俯仰架的端面和 (b) 初始俯仰架的后视图 (源自文献 [8])

对这个模型进行 6 个自由度的刚体检查, 也就是在 3 个平动方向施加 1.0 英寸位移, 在 3 个转动方向施加 1.0rad 转动。表 7.8 所列为 NASTRAN 的输出文件。

在 NASTRAN 输出文件中, 节点 3454 表示基础点, 位移在此点输入。节点 2123 模拟探测器上的 6 个像移。除了在输入 $Rx$ 时的 $T_1$ 值以及输入 $Ry$ 时的 $T_2$ 值外, 其他值都很小。报告中给出的数值 16.679 和 $-16.677$, 和 Ivory 输出文件给出的有效焦距 16.678 一致性非常好。节点 2124 表示 T1 列图像 $\Delta M/M$ 的变化。修改多点约束节点 2124 的自由度 $R_1$ 和 $R_2$, 就可以直接以弧度形式计算 LOS 误差, 具体如下:

$$2124R_1 = (2123T_1)/16.678$$
$$2124R_2 = (2123T_2)/-16.678$$

其中 16.678 为光学系统的有效焦距, 远场视轴 LOS 的 $Rx$ 和 $Ry$ 转动分别在 R1 和 R2 列。可以看到, 远场视轴 LOS 计算结果和施加转动的关系大约是 3:100000。

为了把成像仪稳定在内框架上, 首先做 3 个轴向静态 $1g$ 重力变形分析。在表 7.9 中给出了由 NASTRAN 位移矢量计算出的像移和远场 LOS 误差。节点 3454 和 3456 分别表示俯仰架球轴承中心, 在重力分析中由此为支架施加约束。

表 7.10 总结了远场视轴 LOS 误差, 其中 $Rx$ 和 $Ry$ 值取自表 7.9 每个载荷工况下 NASTRAN 计算出的节点 2124 的 R1 和 R2 位移分量。总的 LOS 误差值就是每个工况下 $Rx$ 和 $Ry$ 的均方根值。在 $Z$ 轴重力载荷工况下, LOS 误差超过了预算的 3 倍, 因此需要对支撑结构进一步加强。

为了确定对 LOS 误差贡献最大的元件, 检查所有光学元件在全部自由度上的累积误差贡献是非常有帮助的。这个工作是通过把光机约束方程和 NASTRAN

表 7.8 6个刚体检查时以 NASTRAN 位移表示的配准误差

DISPLACEMENT VECTOR (TX)

| POINT ID. | TYPE | T1 | T2 | T3 | R1 | R2 | R3 |
|---|---|---|---|---|---|---|---|
| 2123 | G | -4.495383E-09 | -2.804798E-06 | 1.535378E-06 | -8.338841E-12 | 4.617249E-10 | 4.605635E-12 |
| 2124 | G | 1.157860E-07 | 0.0 | 0.0 | -2.695207E-10 | 1.681897E-07 | 0.0 |
| 3454 | G | 1.000000E+00 | 0.0 | 0.0 | 0.0 | 0.0 | 0.0 |

DISPLACEMENT VECTOR (TY)

| POINT ID. | TYPE | T1 | T2 | T3 | R1 | R2 | R3 |
|---|---|---|---|---|---|---|---|
| 2123 | G | 2.489022E-06 | 2.804443E-06 | -1.531967E-06 | 1.458557E-11 | -7.180084E-11 | 6.401721E-12 |
| 2124 | G | 3.411351E-06 | 0.0 | 0.0 | 1.492293E-07 | -1.681684E-07 | 0.0 |
| 3454 | G | 0.0 | 1.000000E+00 | 0.0 | 0.0 | 0.0 | 0.0 |

DISPLACEMENT VECTOR (TZ)

| POINT ID. | TYPE | T1 | T2 | T3 | R1 | R2 | R3 |
|---|---|---|---|---|---|---|---|
| 2123 | G | -2.348945E-06 | -7.698533E-10 | 1.999892E-05 | 7.981358E-11 | -1.151832E-10 | -1.155364E-11 |
| 2124 | G | 1.876438E-03 | 0.0 | 0.0 | -1.408310E-07 | 4.616426E-11 | 0.0 |
| 3454 | G | 0.0 | 0.0 | 1.000000E+00 | 0.0 | 0.0 | 0.0 |

DISPLACEMENT VECTOR (RX)

| POINT ID. | TYPE | T1 | T2 | T3 | R1 | R2 | R3 |
|---|---|---|---|---|---|---|---|
| 2123 | G | 1.667934E+01 | -7.940791E-06 | -2.036467E-05 | 9.572198E-11 | 6.800884E-06 | 2.518961E-06 |
| 2124 | G | -2.309178E-03 | 0.0 | 0.0 | 1.000010E+00 | 4.761695E-07 | 0.0 |
| 3454 | G | 0.0 | 0.0 | 0.0 | 1.000000E+00 | 0.0 | 0.0 |

DISPLACEMENT VECTOR (RY)

| POINT ID. | TYPE | T1 | T2 | T3 | R1 | R2 | R3 |
|---|---|---|---|---|---|---|---|
| 2123 | G | 2.328079E-02 | -1.667689E+01 | 2.076247E-04 | 2.350952E-06 | 2.803869E-06 | 7.069737E-04 |
| 2124 | G | 1.907376E-02 | 0.0 | 0.0 | 1.395799E-03 | 1.000030E+00 | 0.0 |
| 3454 | G | 0.0 | 0.0 | 0.0 | 0.0 | 1.000000E+00 | 0.0 |

DISPLACEMENT VECTOR (RZ)

| POINT ID. | TYPE | T1 | T2 | T3 | R1 | R2 | R3 |
|---|---|---|---|---|---|---|---|
| 2123 | G | -2.529502E-05 | -1.178215E-01 | 1.429845E-05 | 1.248827E-05 | 2.497396E-10 | 9.992900E-01 |
| 2124 | G | -3.477024E-05 | 0.0 | 0.0 | -1.516563E-06 | 7.065168E-03 | 0.0 |
| 3454 | G | 0.0 | 0.0 | 0.0 | 0.0 | 0.0 | 1.000000E+00 |

表 7.9　3 个方向重力载荷下以 NASTRAN 位移形式表示的配准误差

**DISPLACEMENT VECTOR (X GRAVITY)**

| POINT ID. | TYPE | T1 | T2 | T3 | R1 | R2 | R3 |
|---|---|---|---|---|---|---|---|
| 2123 | G | -4.992433E-05 | 2.669824E-04 | 7.401585E-04 | 1.224534E-04 | 1.137726E-05 | -5.847887E-05 |
| 2124 | G | -6.120696E-04 | 0.0 | 0.0 | -2.993424E-06 | -1.600805E-05 | 0.0 |
| 3454 | G | 0.0 | 0.0 | 0.0 | 0.0 | 3.829348E-08 | -3.936964E-08 |
| 3456 | G | 0.0 | 0.0 | 0.0 | -4.206286E-11 | 7.107967E-08 | -7.302642E-08 |

**DISPLACEMENT VECTOR (Y GRAVITY)**

| POINT ID. | TYPE | T1 | T2 | T3 | R1 | R2 | R3 |
|---|---|---|---|---|---|---|---|
| 2123 | G | 2.339886E-04 | 3.158928E-04 | 4.181697E-04 | 4.730350E-05 | 2.639247E-05 | -2.648768E-06 |
| 2124 | G | -3.468143E-04 | 0.0 | 0.0 | 1.402977E-05 | -1.894068E-05 | 0.0 |
| 3454 | G | 0.0 | 0.0 | 0.0 | 0.0 | -3.548640E-10 | -6.136999E-07 |
| 3456 | G | 0.0 | 0.0 | 0.0 | -8.670319E-08 | 4.243269E-10 | -1.117305E-06 |

**DISPLACEMENT VECTOR (Z GRAVITY)**

| POINT ID. | TYPE | T1 | T2 | T3 | R1 | R2 | R3 |
|---|---|---|---|---|---|---|---|
| 2123 | G | 3.268024E-04 | 3.839157E-04 | -1.930393E-04 | -8.001957E-05 | -6.618082E-05 | 1.248440E-05 |
| 2124 | G | 1.295611E-04 | 0.0 | 0.0 | 1.959481E-05 | -2.301928E-05 | 0.0 |
| 3454 | G | 0.0 | 0.0 | 0.0 | 0.0 | 6.137461E-07 | -2.179917E-10 |
| 3456 | G | 0.0 | 0.0 | 0.0 | 8.850597E-08 | 1.117723E-06 | -3.177722E-10 |

表 7.10　3 个重力工况下成像仪初始的 LOS 误差

| 视轴 LOS 误差/μrad | | | |
|---|---|---|---|
| | $Rx$ | $Ry$ | 总　　和 |
| $X$ | −2.9934 | −16.0081 | 16.2855 |
| $Y$ | 14.0298 | −18.9407 | 23.5708 |
| $Z$ | 19.5948 | −23.0193 | 30.2299 |

位移矢量导入到 Microsoft Excel 表格中完成的。接下来,把每个影响系数(取自光机约束方程)和相应的位移矢量(取自 NASTRAN 的位移矢量)相乘,就可以得到以元件或者自由度作为参考基的对每个像移的贡献。把这些数值累加起来并绘图,就可以揭示出对 LOS 误差贡献最大的元件。

图 7.18(a)和(b)分别为 $Z$ 轴重力载荷工况下 LOS 误差分量 $Rx$ 和 $Ry$ 的绘图。可以很清楚地看到,单元 1 的 $Ry$ 位移(自由度 5)对于 LOS 误差 $Ry$ 分量贡献最

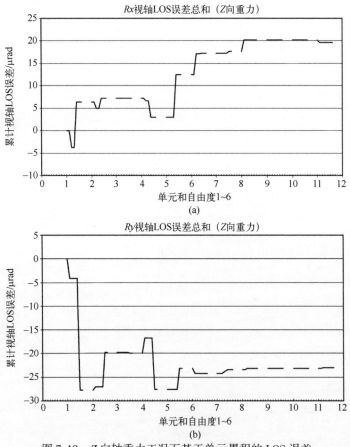

图 7.18　$Z$ 向轴重力工况下基于单元累积的 LOS 误差

(a) $Rx$ 分量;(b) $Ry$ 分量。

126

大,并且它的 $Rx$ 位移对 LOS 误差的 $Rx$ 分量的也有比较大的贡献。

如图 7.19 所示,对单元 1 的支撑结构进一步加强,对 $Z$ 轴重力工况重新分析,结果如表 7.11 所列,可以看到 LOS 的稳定性有了显著改善,但是,对于 $Y$ 轴响应没有什么影响,并且实际上还恶化了 $X$ 轴方向的响应。还可以看到,单元 1 的一个支架实际上还遮挡了光路。在后续的设计过程中将解决这个问题。这个

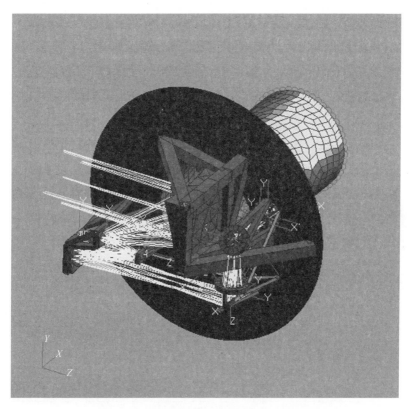

图 7.19　红外成像仪支承结构的进一步加强

表 7.11　第一次结构修改后成像仪 LOS 误差

| 视轴 LOS 误差/μrad | | | |
|---|---|---|---|
| | $Rx$ | $Ry$ | 总和 |
| $X$ | 17.0123 | 8.23231 | 18.89945 |
| $Y$ | 17.68992 | −15.3495 | 23.42095 |
| $Z$ | 9.980825 | 16.55372 | 19.32984 |

127

设计是个迭代过程,需要经过几次尝试,工程师才能对光机的相互作用熟悉掌握。

在这个具体的设计中,经过了 14 次尝试,才把 3 个重力工况下总的 LOS 误差降到了 10μrad 以下。在图 7.20 给出了这些光机设计尝试的结果。表 7.12 给出了第 14 次尝试之后的数值结果。

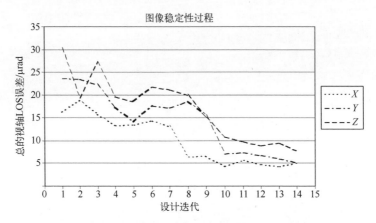

图 7.20　在 PATRAN/NASTRAN 中 LOS 误差递减的历程(源自文献[8])

表 7.12　支撑结构第 13 次修改后成像仪的 LOS 误差

| 视轴 LOS 误差/μrad | | | |
|---|---|---|---|
| | $Rx$ | $Ry$ | $Rz$ |
| $X$ | −0.79157 | 4.972313 | 5.034926 |
| $Y$ | 3.34836 | −3.92354 | 5.158069 |
| $Z$ | 5.486229 | −5.56046 | 7.811364 |

成像仪在内框架上的最终构型如图 7.21 所示,其中包括了前后 1/4 视图。可以看到,除了光学元件的支撑结构以及主体结构需要加强外,光学安装板的背面也需要大大加强。从图中还可以看到,为了避免遮挡光路,对单元 1 的支架位置进行了修改。

最后一步要做的分析工作,就是验证在随机振动环境这个构型能否如预期的那样。这个分析需要在俯仰架结构上加上激光、激光接收仪以及陀螺结构。图 7.22 所示为装配好的结构构型图。接下来,在俯仰架上施加随机振动谱(图 7.23(a)),通过 NASTRAN 模型计算随机振动条件下的 LOS 误差。在图 7.23(b)还给出了在 $X$ 轴振动激励下成像仪 LOS 误差的响应功率谱 PSD。

表 7.13 则给出了 3 个振动工况下所有 3 个仪器的总响应。这样,通过上述这些工作,就为工程师提供了系统内框架结构的一个可行的初步方案。

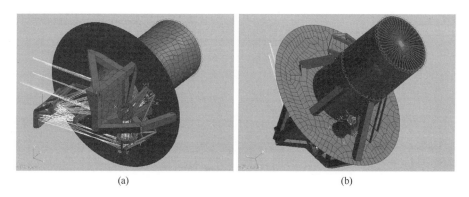

(a)                                                    (b)

图 7.21　成像仪最终结构示意图

（a）前视图；（b）后视图。

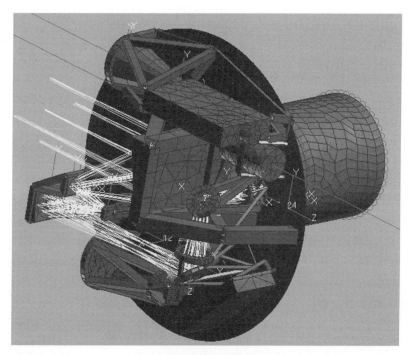

图 7.22　结构的完整构型

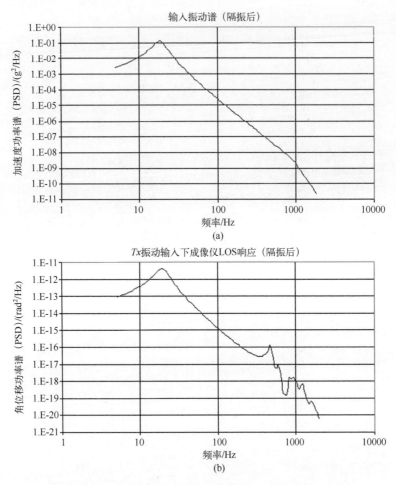

图 7.23　(a) $X$ 方向输入的加速度谱和(b) LOS 角响应 PSD

表 7.13　在轨随机振动条件下成像仪和激光的 LOS 误差以及陀螺的指向误差

| 振动方向 | $Tx$ | $Ty$ | $Tz$ |
|---|---|---|---|
| 总指向误差 rms/μrad | | | |
| 成像仪(2124) | 6.4 | 5.5 | 8.9 |
| 激光(21663) | 7.5 | 0.9 | 6.8 |
| 陀螺(10286) | 1.7 | 2.2 | 16.9 |

# 参 考 文 献

1. A. E. Hatheway, *Optomechanical Analysis*, Tutorial, Alson E. Hatheway, Inc., Pasadena (2015).
2. A. E. Hatheway, *Optomechanics and the Tolerancing of Instruments*, Tutorial, Alson E. Hatheway, Inc., Pasadena (2015).
3. W. J. Smith, *Modern Optical Engineering*, McGraw-Hill, New York, pp. 58–85 (1990).
4. A. E. Hatheway, *Ivory User's Guide*, Alson E. Hatheway, Inc., Pasadena (2015).
5. A. Hatheway, *Ivory Optomechanical Modeling Tools*, Alson E. Hatheway Inc., Pasadena (2015).
6. P. Burke, A. Caneer, A. Whitehead, and A. Hatheway, "Optical correlator system design using opto-mechanical constraint equations to determine system sensitivities," *Proc. SPIE* **5176**, 44–52 (2003) [doi: 10.1117/12/507542].
7. F. C. Allard, *Fiber Optics Handbook for Engineers and Scientists*, McGraw-Hill, New York (1990).
8. A. E. Hatheway, "Linking a laser and an optical imager to a gyro's axis of rotation in MSC Nastran," *MSC Software 2011 Users Conference*, MSC Software Corporation, Santa Ana (2011).
9. A. E. Hatheway, "Off-axis imager modeling," *AEH IR&D Report* **73**, Alson E. Hatheway Inc., Pasadena (2010).
10. A. E. Hatheway, "Controlling lines of sight and lines of propagation in stable systems," *Proc. SPIE* **8125**, 81520V (2011) [doi: 10.1117/12.895545].
11. A. E. Hatheway, "Unified optomechanical modeling: Stabilizing the line-of-sight of an IR imager," *Proc. SPIE* **9577**, 957705 (2015) [doi: 10.1117/12.2186870].